动物王朝

自然选择下的群体智慧

冉浩 著

ANIMAL
GROUPS

中信出版集团 | 北京

图书在版编目（CIP）数据

动物王朝/冉浩著. --北京：中信出版社，
2020.1（2021.12重印）
ISBN 978-7-5217-1071-7

I.①动… II.①冉… III.①动物－普及读物 IV.
①Q95-49

中国版本图书馆CIP数据核字（2019）第209011号

动物王朝

著　　者：冉　浩
出版发行：中信出版集团股份有限公司
　　　　　（北京市朝阳区惠新东街甲4号富盛大厦2座　邮编　100029）
承 印 者：中国电影出版社印刷厂

开　　本：880mm×1230mm　1/32　　　印　张：10.5　　　字　数：195千字
版　　次：2020年1月第1版　　　　　印　次：2021年12月第6次印刷
书　　号：ISBN 978-7-5217-1071-7
定　　价：59.00元

第一部分
聚群而栖
/ 001

第二部分
氏族与王朝

/ 115

作为社会生物学研究大军中的小小一员，我的主要研究对象是真社会性昆虫，特别是蚂蚁，但我对整个动物界的社会性行为都抱有广泛的兴趣。不对，我感觉我可能对所有与动物有关的事情都很感兴趣。这应该还有一些特殊的感情在里面，作为家中的独子，孤单的我几乎是在动物的陪伴下长大的。所以，只要是与动物有关的事情，我都愿意做一点儿，比如我会和朋友一起做古生物学的研究，也愿意把我所知道的事情分享出来。这其中还有另外一个原因，那就是曾经有一本科普杂志帮学生时代的我避免了在关键的时候跑偏，当然，那是另一个故事了。也正因如此，我认定，将正确的知识与人分享，是一件相当重要的事情。

很久以前，我就希望能够写一本关于动物的社会性的书，这个想法甚至在我写第一本独著《蚂蚁之美》的时候就有了。当时的想法是，先全力写一本关于蚂蚁的书，然后积淀一下，再写一本关于动物的社会性的书，让它成为我的下一本代表作。承蒙读者厚爱，《蚂蚁之美》的表现还不错，得到了比较广泛的认可。现在，我觉得是时候来完成这第二本书了。当我把想法与中信出版社的刘小鸥编辑说了以后，后者几乎立刻就应承了下来，《动物王朝》的书名也是在她的帮助下敲定的。这份信任，亦让我倍感压力。

最终，经过反复琢磨与商讨，这本书敲定了基本思路。在第一部分里，我会先进行概括性的介绍，阐述动物为什么会生活在一起，这些生活会以什么样的形式呈现，又会带来什么样的生存优势与劣势，以及在群体生活的前提下，生物又是如何发生演化的。第二部分则选取一些具有代表性的动物类群来介绍它们的社会性，同时，我将在这一部分深化主题，引出更多的生物学概念，同时对动物的社会性做出进一步的分析和解读，并最终构建出理论体系。

说实在的，写作这本书是有一点儿挑战的，哪怕对我这个比较熟悉动物的人来说，也是如此，因为生物的多样性实在太丰富了，生物演化的过程和关系也太丰富了。而这本书又需要对整个动物界在宏观上有整体的把握，毕竟，我可不想把它写成一本不入流的书！所以，从准备阶段开始，我就几乎完全淹没在文献的海洋中。有很要好的朋友笑我自讨苦吃，但我觉得，这样做还是有意义的。

最终，这本投入了很多心血的书成稿了，那一刻真的如释重负。事实上，在写书的过程中，我也实现了自我的升华，让自己对生物的社会性演化有了进一步的认识，这些认识，也都反映在了这本书中。在这本书中，我以一种近乎偏执的态度保留了很多术语的英文名和多数物种的拉丁语学名，以便读者能够按图索骥，进一步去查阅自己感兴趣的内容。同时，我也竭尽全力地避免使用过于生涩的术语，并尽可能不让那些生物学概念看起来太过教条。

但是也必须承认，即使已经相当努力，这本书仍有遗憾。一方面，限于篇幅，有很多很有趣的类群或现象并未有机会包括进来，比如聚群的蜘蛛、社会性的蚜虫等，而一些类群，只能选择其中的一个方面进行介绍，比如白蚁，在书中主要介绍了它们的巢穴；另一方面，限于我对某些类群的了解不够深入或缺乏足够的实践体验，一些论述有可能并不准确。还有一个问题是，由于在不同动物研究领域的学者的用词习惯不同，相似的情况往往会有不同的术语，如蚂蚁中的"婚飞"行为，在白蚁中的类似活动更多地被称为"分飞"，这些术语我尽可能进行说明或统一，但难免仍有遗漏。此外，这本书可能还存在一些其他问题。以上这些，希望读者朋友多多包涵，不吝指正，如能再版，我将尽可能地修正。

关于这本书的出版，我首先要感谢中信出版社的大力支持，以及各位工作人员的辛勤工作。其次，我要特别感谢哥本哈根大学的张国捷教授、中国地质大学（北京）的邢立达副教授、中山大学的刘阳副教授、国家动物博物馆的张劲硕高级工程师和《博物》杂志社的张辰亮老师通读并为本书写了推荐语。特别是张辰亮老师，还在百忙之中为本书大量捉虫。我也要感谢广东省生物资源应用研究所的张礼标教授、广西大桂山鳄蜥国家级自然保护区管理局的罗树毅老师、广东自然生态摄影师刘彦鸣先生、山东农业大学的叶峥嵘先生等好友，以及所有给予本书支持和帮助的朋友，没有他们的付出，这本书就无法达到现在的程度。有关这本书中的配图，我自己和朋友绘制或拍摄了一部分，另一部分来自CC协议（知识共享许可协议）的共享，这些都在图注中进行了来源标注。此外，还有相当一部分来自图虫创意图库的授权，它们由很多未署名的摄影师拍摄，未能标注，在此也向他们一并表示谢意。

最后，希望这本书能给您带来愉快的阅读经历，并让您最终有所收获，那是我非常期待的事情。

舟浩

2019 年 7 月 3 日

第一部分

聚群而栖

▶ ▶ 退潮后，岩石上露出的藤壶“村落”

图片来源：冉浩摄

因而聚群

　　我捏着一只花蛤（*Ruditapes philippinarum*），这是一种再常见不过的贝类，在它小小的贝壳上聚集着好几个比纽扣还要小的藤壶。我端详许久，随后把这个微小的动物组合放回了海水里。在自然界，藤壶要经常面临退潮的威胁，它们已经适应了这种生活状态，在离开海水以后，还能够坚持存活很久。回到海水里后，很快它们就活跃了起来，藤壶打开盖子，伸出一些细小的蔓足，这些蔓足就像一些带毛的触角，开始滤食水中的有机质。

　　很多时候，藤壶是不讨喜的动物，它们会吸附在各种东西上。在海滩，它们吸附在岩石上，会硌脚；在船底，它们增加船的阻力；在动物的身上，它们就像膏药一样，怎么也弄不掉……好在，藤壶的味道还算不错。这些小生物可以产生强力的胶质，将自己牢牢吸附在目标上，你得用刀子才能把这些美食撬下来。事实上，幼年时期的藤

▶ ▶ 带有藤壶的花蛤
　　图片来源：冉浩摄

壶是可以运动漂泊的。但是，经过变态发育以后，它们产生了厚重的铠甲，同时也把自己固着在一处，不再移动。有趣的是，你会发现它们总是倾向于聚集成一小丛，这是因为它们能散发出化学信息，召集同伴。

藤壶为什么要这样做？既然它们可以在海水中滤食有机物，若是彼此更分散一些，岂不是能独享更大的区域，获得更多的食物吗？为什么即使身处在同一片小贝壳上，它们还要尽可能地挤在一起？

藤壶是雌雄同体的动物，理论上说，它们可以用自己的精子给自己的卵子授精，然后产下后代。然而，这种情况非常少见。常见的情况是，它们会用自己的雄性生殖器官给旁边藤壶的雌性生殖器官授精，同时用自己的雌性生殖器官接受来自其他藤壶的精子。藤壶不能移动，因此，它们拥有动物界中相对身体比例来说，极可能是最大的雄性生殖器，以便伸出来找到附近的藤壶。从这个意义上来讲，至少要有两个藤壶，还要靠得足够近，才能完成这种互相受精的过程。如果在附近找不到其他同类，藤壶也可以把精子直接射入水中，期待这些精子能够被其他藤壶捕获。然而，自然选择显然并不鼓励后一种生殖方式，它相当浪费精子，繁殖力低下，经过若干代后，这样的藤壶很可能断子绝孙。而彼此在一起生活的藤壶，则能产生足够多的后代，并会将这一传统延续下去。群居的藤壶，也许就是这样形成的。

仔细看看周围，我们会发现很多聚群的动物：地上爬行着成群的蚂蚁队伍，枝条上密布着蚜虫，一群麻雀飞过头顶，远处的池塘里还有成群的游鱼……有些动物也许只是临时凑到一起，形成了简单的群体；但有些彼此之间存在着稳定的关系，比如亲缘关系，并由此形成了关系更为复杂的家庭、家族，甚至社会。事实上，多数动物至少会在生命的某一个阶段与其他同类，甚至是异类，聚集成小群。当然，它们也因此得到益处，或是寻求保护，或是分享资源，或是交配繁殖，等等。自然选择会推动动物走到一起，在适当的时候，也促使它们彼此分离。聚而成群，已经成了动物最基本的生活方式之一。

▶ ▶ 著名的"沙丁鱼风暴"，它既是壮美的海洋奇观，也是沙丁鱼对抗捕食者的银色闪光

集体的坚盾

　　在碧绿的水潭边，我正在发愁。在靠近水潭边缘的浅水区，可以看到水里有很多针尖大小的小鱼。大概在全中国任何一个大点儿的水坑里都能看到这种小鱼，它的名字相当朴实，叫"鰲"（*Hemiculter leucisculus*）——这就是它的中文正式名，与"餐"同音也足以说明它在人们心中的地位。它是菜市场最常见的白色小鱼之一，体长大约10厘米，炸酥后相当好吃，俗名叫白条。还有一种和它长相比较相近的油鰲（*Hemiculter bleekeri*），也叫油鱼，同样有白条的俗名，摸起来身上油乎乎的，但我觉得味道更好一点儿。

　　我眼前这些鰲只有1厘米左右，比针尖略大，离长大还差得远。那些大一点儿的个体应该在更深的水域游荡。这些微小的动物正在成群地游动。我想用水瓶抓一些，然而这相当困难。当我把水瓶没入鱼群密集的地方时，顷刻之间，这些鱼儿就逃离了危险区域，没有一条会慌乱地撞进我的瓶子里。

当然，作为一个熟悉动物的家伙，我不大可能铩羽而归。毕竟，几岁大的女儿正在后头的树荫下面眼巴巴地等着呢。我只好把水瓶半潜入水中，然后一动不动地等待着靠近的小鱼，一旦小鱼靠近了瓶口，我就立刻下压瓶口，借助涌入的水流把小鱼冲到了瓶子里。然后，我倒掉多余的水，连水带小鱼装进小水桶里，交给兴高采烈的女儿看管。通常，在采集活的小动物时，尽量不要用手去触碰它们，这样很容易伤到它们。特别是这些动物还特别小的时候，轻轻碰一下很可能就会造成严重的内伤。如果你是用渔网捞到的，正确的做法是把网翻过来，轻轻抖动，让鱼自然落入水桶中。当然，前提条件是，你不能捕捉受保护的鱼类。

忙了很久，最终，我捕到了二三十条小鱼，加在一起也不够小半勺。在小水桶里，它们再次组成了小鱼群，围绕着水桶的内壁游动。鱼类的成群游动能够体现出一些优越性，当鱼以相同的速度和方向前进时，它们能利用相互间产生的涡流来减小受到的摩擦力。理论计算显示，集群行动所受到的摩擦力大约只有单独行动的1/5，这可节省了不少能量。

在把它们放生之前，我们要好好观察一下，看看它们是如何运动的。我的第一感觉是，整个鱼群带有一种有秩序的美感。相同的方向，均匀的速度，并且互不冲撞。这样的群体是怎样组织起来的呢？

在当代，有一种特别的算法，叫作"人工鱼群算法"。这是一种通过计算机来模拟鱼群的行为，然后实现对系统的运算和资源调配的优化的算法。这个算法归纳出了聚集形成鱼群的三个规则：第一个叫分隔规则，就是每条鱼之间存在一个最小距离，防止它们过于接近；第二个叫对准规则，就是后面一条鱼对准前面一条鱼的方向，因此得以复制前面一条鱼的游动路线；第三个叫内敛规则，就是鱼要尽可能贴近周围鱼的中心。遵循这三个规则，它们就可以互不拥挤地聚群游动了。

不过，事情还会再复杂一点儿。至少，我们还要搞清楚鱼群前进的方向是怎么确定的。很多时候，鱼群运动的方向并不是随机产生的，而是具有一定的目标性。对巡视浅水的鳘来说，群体中较大的个体就是很好的领导，它们游动的速度快、耐力好，更容易游到队伍的前面。其他鱼只要跟住就行。显然，游在最前面的鱼是有风险的，它可能首先遇到危险。但是，回报也是丰厚的，它将首先发现食物，享有吃第一口的权利。

另一些鱼的情况会更加复杂，比如金枪鱼。如果把鱼看成是车，那金枪鱼就是其中的跑车——动力强劲、线条流畅、为速度而生。它们鱼雷般的体形在水中具有足够的冲击力，而强健的肌肉能够确保它们高效的运动。它们的肌肉确实特殊，在"吃货"眼中，新鲜的金枪鱼片应该是红色的，因为里面蕴含着丰富的毛细血管网，这代表着肌肉强大的运动能力。正因为如此，金枪鱼剧烈运动所产生的能量使它们的体温要高于海水温度，有了一点儿温血动物的感觉。目前，已知至少有13种金枪鱼是部分温血的，占了金枪鱼的绝大多数。较高的体温反过来也可以支持金枪鱼以一种极高的速度游动，以黄鳍金枪鱼

（*Thunnus albacares*）为例，其游动速度可以高达每小时75千米。

这些可以生长到超过3米、重数百千克的游泳健将一辈子都在游泳，从没有休息过，否则很可能会被憋死……这种奇葩的特性和某些鲨鱼很像，金枪鱼不能主动将水抽入鳃里，它们必须张着嘴，通过游动，让水从口中流入，然后再流过鳃，这是一种"撞击式呼吸"。巨大的能量消耗使得金枪鱼必须吃下大量的食物，一餐就要吃下相当于体重18%的食物。鱼、乌贼、虾蟹之类的海洋生物都是它们的食物。由于体温高，金枪鱼反应迅速，是海洋中的强大掠食者。

金枪鱼群因其长距离的游动而被称为"全球性鱼类"，虽然夸张，但也说明了其活动范围之广。如一些金枪鱼在墨西哥湾出生，然后横穿整个大西洋，到欧洲海岸进食，之后再返回墨西哥湾进行生殖。但问题是，金枪鱼是如何完成如此长距离的迁徙而不迷路的呢？

2014年，德卢卡（G. De Luca）等人通过构建理论模型对这种现象进行了解释。他们的模拟结果显示，一小部分"有知识"的群体成员可能发挥了关键性作用，当从迁徙的鱼群模型中剔除掉这些鱼时，群体马上就会发生混乱。

在他们的模型中，随着鱼群密度的变化，有可能出现两种组织模式。当鱼群的密度比较低时，鱼群会以一种"稀疏网络"（sparse network）的组织形式存在，这个时候，鱼群不会迁徙。但随着聚集的成员

▶ ▶ 蓝鳍金枪鱼

增多，鱼群密度开始增大，会出现一种"密集网络"（dense network）的新组织模式，后者会随着鱼群密度的增大越来越稳定。这时候，大多数鱼仍处于无方向的状态。但如果一小部分鱼对某一个方向表现出偏好，整个鱼群就能逐渐调整方向，最后开始迁徙。或者说，引起金枪鱼的迁徙，既需要足够多的鱼，也需要一些认路的鱼。

银色的闪光

我们要解决的下一个问题是，我之前直接用水瓶捕捞的时候，这些小鱼是如何躲过我的袭击的？

首先，这个群体应该很容易发现我的不轨意图，这是鱼群防御行为的第一个技能——群体瞭望。整个鱼群包括了无数双眼睛，时刻瞄准着四面八方，使它们能够及时发现正在靠近的天敌。

在这种情况下，就像懂得布阵的古代军队一样，它们开发出了应对的阵形变化。如果捕食者从后方逼近，通常的反应模式是，鱼群向两侧游动，与捕食者相向，绕到捕食者的身后去。这种行为被形象地称为喷泉策略。虽然通常捕食者的速度更快，但它的个头一般也更大，转向和减速都不够灵活，与其笔直地向前逃窜，不如向后相向运动的生存概率更大。若是捕食者和鱼群面对面，本来就是相向而行的，鱼群则会从捕食者正对的位置迅速向两侧游动，尽可能与捕食者拉开距离。若是捕食者从侧面直插鱼群的中部，鱼群则会以插入点为中心，辐射式逃散。我捞鱼的时候，遇到的大概就是最后这种情况。

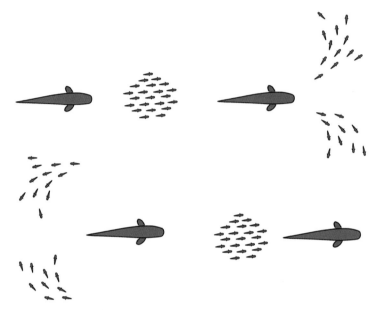

▶ ▶ 捕食者从后面袭击时，鱼群表现出的喷泉策略
　　图片来源：冉浩绘

　　鱼群有效的群体防御策略使我相信，在以冷兵器为主的古代，兵团的阵法训练对于战场制胜确实具有重要的意义。但是，鱼群变阵的速度更快。比如辐射式逃散会使鱼群快速膨胀，鱼群的直径可以在0.06秒的时间内扩展到原来的10~20倍。尽管所用时间比眨眼还要短，但是鱼群的成员依然完成了转向、逃离，中间没有碰撞。要做到这一点，每条鱼都必须充分地知道逃生的规则是什么，并且绝对精确地遵从这些规则。一旦出现错误，必然带来碰撞、减速和混乱，最后造成悲剧。因此，这一切必须被印刻在它们的本能中，在无须思考和犹豫的前提下进行。而当所有的个体都按照同样的规则行动的时候，整个群体就会表现出智慧而高效的有序性。这样，并不需要某个个体发号

施令，群体就能够有效运转，这样的组织形式被称为自组织。我们在后面还会反复提到这个概念，自组织是生物界的伟大发明，它赋予了生命以秩序。

群体活动赋予动物的第二个防守技能是锁定免疫。对密集的鱼群来说，一方面，捕食者可能会把鱼群误以为是一个巨大的动物，而心生胆怯、放弃进攻；另一方面，捕食者眼睛很难跟踪并锁定某一条鱼，特别是当这些鱼还有另一个天赋技能"银色闪光"的时候。如果留心观察，你就会发现很多鱼的侧面都是银白色的，这是便于它们在捕食者面前发动"闪光"技能。沙丁鱼（sardine）就将这一技能发挥到了极致。

沙丁鱼的名字可能出现于15世纪，来自今天意大利的撒丁岛（Sardinia），那里的附近海域曾一度盛产这些鱼类。事实上，沙丁鱼并不是一种鱼，而是一类鱼的总称。它们的体形相似，都是银光闪闪的样子，即使是分类学家，也需要细细鉴别，才能把不同种类的沙丁鱼区分出来。而且不同沙丁鱼的习性也差不多，所以，通常人们往往会误把它们当成是同一种鱼。

▶ ▶ 南非，迁徙的拟沙丁鱼群用喷泉策略闪避鲨鱼

在食物链上，沙丁鱼只比浮游生物高一点儿，它们吃藻类和一些小型甲壳动物，偶尔会吃一些鱼卵。生物界中形成了著名的食物金字塔，也就是说位于最底层的生物，它的生物总量是最大的，所以，比较接近底层的沙丁鱼也有较庞大的数量。正是因为这个庞大的数量，所以它们被各种动物视为唾手可得的食物资源，它们被鲨鱼、金枪鱼、海豚等掠食者捕食，也是水鸟眼中的美味。

当然，没有动物愿意成为别人口中的美味，哪怕它们如沙丁鱼般弱小。这些沙丁鱼以数以百万计的极大群体活动，并且在捕食者深入的时候快速变换队形，形成了壮观的沙丁鱼风暴。它们如同一面巨大的银色反光镜，能够把捕食者晃得晕头转向。这是亿万年的生物演化帮助它们完成的反捕食策略，是写入了它们基因的一项卓越能力。

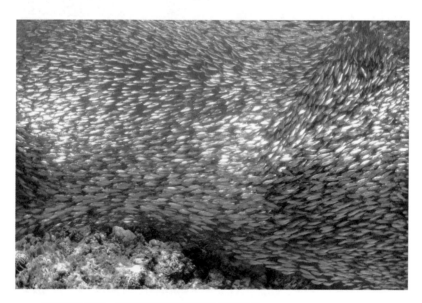

▶ ▶ 　对沙丁鱼来说，群体和数量就是它们生存的依仗

向外的牛角

对于鱼类和爬行类，往往是体形或者年龄相仿的个体结成群体，但哺乳动物并不是这样，哺育幼崽的特性使后者在形成群体的时候往往拖家带口。比如北美野牛（*Bison bison*）就是一个拥有有趣的群体反捕食策略的例子。

北美野牛和非洲野牛不同，但是和欧洲野牛（*Bison bonasus*）的亲缘关系很近。它们是冰川时代的孑遗物种，像猛犸象一样长着厚毛，非常适应寒冷的环境。人类的捕杀在猛犸象的灭绝中起到了举足轻重的作用，在欧洲野牛和北美野牛身上差不多同样如此，只不过这两种野牛坚持得更久一些，以至于有了转机。起初，欧洲野牛在野外已经被捕杀光了，幸好动物园里还有少量幸存，所以它们等到了被放归的机会，今天生活在野外的欧洲野牛都是早先动物园中少数幸存者的后代。由于遗传多样性的丧失，它们的身体素质可能略有下降，对疾病的抵抗能力也有所降低。事实上，我相当怀疑它们同样丢失了一些行为特征，因为大脑比较发达的动物往往会通过野外生活获得一些经验、习惯或者知识，然后通过"亲子教学"传承下去，以至于同一个物种的不同族群，往往在行为上会有所区别。动物园的圈养显然不利于这种传承，而且圈养本身也会改变动物的行为。因此，即使欧洲野牛被放归，并且如今已经形成了一定规模的自然种群，它们也已经不完全是当年的欧洲野牛了。

幸运的是，尽管当年贪婪的皮革贸易消耗了上千万头北美野牛，但还是幸存了那么一小撮，美国黄石国家公园是北美野牛平原亚种

（*Bison bison bison*）最后的保留地，使得它们得以保留那些野生行为。由于森林亚种（*Bison bison athabascae*）的主要栖息地在更北方、更荒凉的加拿大，它们的日子更好过一些，野生行为保存得也更加完整。

▶ ▶ 美国黄石国家公园的北美野牛群

北美野牛成群活动，通常会形成包含成年公牛、母牛和小牛的混合群体。虽然成年北美野牛的体形庞大，体重可以达到一吨，不太容易被捕食，但它们仍然有天敌。狼和灰熊都会捕食北美野牛，尤其是对年幼和衰老的野牛具有很强的威胁，这两类野牛往往身体较差，很容易陷入险境。

但是，群体可以保护它们。成年的北美野牛并不是完全没有抵抗能力的食草动物，它们的尖角锐利，并且能以每小时五六十千米的速度发起冲锋，被它们正面撞到可不是闹着玩儿的。一旦整个牛群朝向一致发起冲锋，捕食者就必须避其锋芒。狼的体形比北美野牛小很多，即使在静止状态下，野牛也可以用角把它掀到半空中，然后再补上一角，那也是相当严重的伤害。此外，北美野牛的后腿也可以蹬踢，造成伤害。一旦捕食者出现，相对分散的北美野牛就会聚集到一起，形成紧密的群体，并把弱者保护在中央，然后强壮的野牛用头和身体挡住它们，形成一个防御阵型。

这并不是一个纯粹的防御阵型，它们也是有可能进攻的。强壮的雄性有可能出群驱赶捕食者，整个牛群也有可能跑动起来驱赶敌人。在跑动的过程中，幼年的野牛会被裹挟在队伍内侧，尽可能减少暴露的机会。

通常，跑动的牛群足以驱赶单个捕食者，比如一头灰熊，但未必能对付狼群。北美灰狼的狼群成员较多，它们中的一部分可以绕到牛群的背后发动攻击。在这种情况下，北美野牛群可能会选择逃走。这时候，会有强壮的野牛离群进行断后，等大群体脱身以后再去追赶群体。这种行为策略在面对捕食者的时候是有效的，但还是差点儿葬送了整个物种——这些不知道马上逃跑的家伙成了猎人眼中最好的靶子，那些强壮的野牛可以轻易地被贪婪的子弹放倒。

不过，这种行为在地质历史的多数时间里是相当有效的，特别是对那些有一定自保能力的较大型动物来说。这种行为并不局限在野牛中，并且至少可以追溯到恐龙时代。恐龙足迹化石表明，体形庞大的鸭嘴龙类同样是成群行动的，年幼的个体也被裹挟在了队伍的中间。当然，它们和北美野牛之间没有继承关系。它们是完全不同类的动物，只不过由于相似的处境，采取了相似的生存策略，这是一种趋同进化。

北美野牛对同伴的生死状况具有相当准确的判断，并且行动果决。我至少看到过两组来自野外记录的影像资料，体现出了它们面对北美灰狼时的那种果决。一组影像是牛犊被狼袭击，母牛奋力营救，但是，当牛犊的要害被狼咬住而被放倒时，母牛立即离去，不再救援。这是一种看起来既无奈又冷酷的行为。一直以来，我都相信大脑比较发达的哺乳动物是有感情的，目前也有足够的证据证明这一点，您将在这本书中找到很多这样的例子。在这组影像中，我看到了母牛不惜以身犯险去保护小牛。然而，在保护失败之后，没有电视剧里那种呼天抢地还需要有人拉着才肯离开的感人桥段，也没有红着眼睛准备决一死战的架势，母牛果断地离开了，绝不拖泥带水。也许它知道，狼从来都不单独行动。

另一组影像是牛群在狼群的追赶下逃走。一头牛掉队了，被几匹狼拖住，逃走无望。担任阻击任务的野牛在归队追赶牛群的过程中，从后面赶上来，有几头从旁边跑过，而最后一头则直接撞在了那头掉队的野牛身上，将其撞到，然后越过它，扬长而去。我无法知晓最后这头牛的想法，但是结果是显而易见的，被撞的那头牛完全失去了反抗能力，成了狼群的大餐。狼群停止了追击，整个牛群安全了。假如野牛是有意识地做了这件事情，牺牲这个成员以换取群体的安全，那简直是一个冷静得让人毛骨悚然的决策。假如野牛是无意识地跑到了这个路线上，不得不从这里通过，我们依然能够看到一种果决——它并未因为同伴的阻碍而减速，而是毫不犹豫地撞开了路障，这仍然是一种理智到近乎冷酷的行为。但是我却无法用"自私"这个词评价它，因为它为了群体撤离而勇敢战斗，并且最后一刻才撤离。

　　这大概就是野兽和人的思维方式的不同，它们见惯了生死，并且形成了有效的生存策略，它们可以为了群体撤离而留下来断后，也能果决地抛弃掉营救无望的同伴。这是在无数生死考验之后塑造的性格，也许只有完全野性的动物才能表现出来，同时，这也印证着大自然的残酷。

　　接下来是逃走之后的事情。卡宾（L. N. Carbyn）在加拿大的工作可以给我们一些提示，他是一位对北美野牛很熟悉的动物学家。对于多数被追捕的食草动物来说，一旦狼群停止追捕，它们差不多立刻就会停下脚步，不再逃跑。但是北美野牛却不是这样。在被袭击的37次中，野牛群有15次继续奔跑，持续的平均距离是17.5千米，相当于跨过了一座中型城市。其中，在1981年2—3月，他们甚至观察到了一次长达81.5千米的大逃亡，地点在加拿大森林野牛国家自然公园。

▶ ▶ 　加拿大，雪地中的北美野牛群

1981年2月8日，这群大概有90个成员的野牛群在雪地里被发现了，后面跟着一个由8匹狼组成的狼群。牛群的处境显然不太乐观。就在这天白天，下午3点10分，狼群发动了试探性的进攻，在几次接触之后，3点25分，试探中止。后来对雪地的痕迹的观察表明，在之后的18个小时内，狼群进行了反复的试探，但是没有完成猎杀。2月14日，再次观察到了两个群体之间的接触。我们可以猜想，狼群差不多已经盯死了这群野牛。由于大型动物的运动速度快、移动范围大，并且有一定的危险性，科学家很难24小时不间断地对它们进行监控。在这段时间里，狼群很有可能已经对野牛群进行过更多次的试探，也在不断地对野牛群施压。狼群的耐性一向很好。

2月16日，狼群终于完成了首杀，一头母牛死亡，牛群移动了20千米，到了另一个地方。但是，故事还没有结束。3月6日，狼群又找上门来，下午5点25分，牛群形成了紧密阵型，狼群无功而返。当天晚上，也许是次日黎明，狼群对牛群的攻击性施压再次奏效，牛群奔逃了超过7.2千米。3月8日，狼群被观察到尾随监视着牛群，距离非常近。3月9日，狼群被观察到在一头刚被杀死的牛犊尸体旁休息，看来，它们完成了第二杀。雪地上留下的痕迹，完美地再现了当时的场景：狼群从上次被观察到的地方，追逐着牛群，行程4.3千米，它们穿过了草地，在林地完成了猎杀。通常，在夏季猎物充足的时候，狼群捕获了猎物就会停止下来。但是，这个时期不一样，它们会追逐牛群，这真是一场噩梦。事实上，狼群似乎已经结束了连续追杀，但牛群仍在继续逃跑。足迹显示，牛群一直呈紧密阵型，并且没有停下来进食。随后，牛群的阵型变得松散了一些，足迹变得散乱了一些，但是，它们依旧没有进食。大概经过20千米的跋涉，牛群到达了一条铲过雪的公路，在那里稍做休息。之后，牛群继续跑路，到3月9日再次观察到它们的时候，它们又移动了长达61.5千米的距离。

就像卡宾指出的那样，牛群的这种长距离迁徙有它的适应性意义。只要它们逃出了这群狼的领地，也许就能够避免被无休止地追杀了。这场折磨持续了差不多3周，它们肯定已经被吓坏了，赶紧要摆脱那个噩梦一样的地方。然而，危险的是，它们有可能会闯入另一群狼的领地，它们的生活仍将惊心动魄。而一旦脱离了群体，个体的日子则会更加艰难。

群体、警戒与安全感

对动物来说，及时发现天敌，然后启动反捕食策略，是性命攸关的事情。动物的这种对外界风险的预警行为，我们称之为警戒行为（vigilance behavior）。动物会时不时地表现出警戒行为，这是由它们的本能决定的。在陆地上，你会很容易辨认出这种行为。这时候，通常动物的身体会保持静止，但它们会抬头，表现出嗅探、环视、注视、倾听等行为。在表现出这些行为的时候，静止的身体会使它们更加专注，同时，减少自己暴露的可能性。尽可能抬高头部（或感觉器官）可以使它们获得更大的视野或者探测范围。所以，哪怕是小蚂蚁，在警戒的时候，它们也会停下身子，扬起触角，细细分辨空气中的气味。

毫无疑问，动物面临着选择，警戒或者不警戒。警戒行为会获得安全感，可以提高自己生存的概率；但是，警戒行为是占用精力和时间的，这会减少动物觅食、活动甚至是休息的时间。动物必须平衡这一点。通常来讲，动物的安全感越低，它们在警戒行为上投入的精力就越多。

我们可以通过动物警戒行为的总时间、发生频率和单次警戒行为持续的时间来判定动物警戒行为的强度。当然，也有一些其他的指标，比如引起动物警戒行为的距离。说起这一点，我得说说艾伊尔·赖默斯（Eigil Reimers）等人那天才般的诡谲实验设计。

在北极地区，北极熊是让多数动物闻风丧胆的可怕捕食者，对驯鹿来说也不例外。后者是活动在北极圈附近的大型鹿类，分布区域与北美野牛重叠，也是狼群经常捕食的对象。给圣诞老人拉雪橇的红鼻子鲁道夫的原型就是驯鹿。

赖默斯的研究对象是生活在北极的斯瓦尔巴德群岛驯鹿，这是驯鹿家族中的一个分支。他们进行研究的小岛上没有猞猁、狼、狼獾或者棕熊等捕食者，只有狐狸偶尔会偷走驯鹿幼崽。当然，重点是，还有不时渡海而来的北极熊。相比之下，这里的生活环境比别处要安全得多，这里的驯鹿或独来独往，或三五成群，喜欢找个地方窝着，不喜欢到处游荡。

他们要研究的是，当驯鹿遇到北极熊的时候，会有何种反应，如驯鹿表现出警戒行为的距离、开始逃跑的距离，以及会跑多远。

但问题是，北极熊并不常出现。

所以，他们有了一个绝妙的想法。他们用白布条把自己包裹得像木乃伊一样，只留下眼睛和鼻子的孔洞，然后就开始了"扮熊吓鹿"

▶ ▶ 北极苔原上的驯鹿群

的活动。这几个人对这个扮相相当满意，按照他们自己的说法，和北极熊"惊人地相似"。

他们统计能够接近驯鹿的距离，看大概多远能够引起驯鹿的警觉，然后他们使用激光测距来判定距离。当然，驯鹿会变得警觉。当研究者以"人熊姿态"接近驯鹿时，驯鹿会在更远的距离就出现警戒行为，启动逃跑的位置也更远，逃跑的距离更长，这三组数据分别是研究者以"人类姿态"靠近时的1.6、2.5和2.3倍。看来，驯鹿是真的更在意"人熊姿态"。

不过，驯鹿真的认为那是北极熊吗？终于有一次，真正的北极熊出现了，事实表明，驯鹿的反应比面对"人熊"时强烈多了。于是，研究人员得出了也许更加合理的解释：在深色大地的映衬下，白色更显眼。这个研究成果，最终发表在了2012年的《北极、南极和高山研究》(*Arctic, Antarctic, and Alpine Research*)上,并获得了2014年"搞笑诺贝尔奖"的极地科学奖。

我们从这个有点儿滑稽又相当敬业的研究中可以读出另一个信息,那就是,一些因素确实会影响动物的警戒水平,"人熊姿态"使驯鹿在更远、更早的时候就表现出了警戒行为。这些因素有很多,既有来自外界环境的,也有来自动物自身的。比如动物的年龄就是其中之一。一般来说,成年个体的警戒行为强度比幼年个体要高,这一方面是因为成年个体具有更多的生存经验,另一方面则是因为幼年个体更容易感到饥饿——它们必须花更多的时间觅食,以便满足生长的需求。再比如,取食模式同样有影响。需要把头探入水中觅食的鸭类,会比那些长腿的涉禽花更多的精力来警戒,因为鸭类很难一边觅食一边观察周围的环境。还有,繁殖季节的动物通常会有更多的警戒行为,甚至人类的活动也会引起警戒行为强度的增加,比如这种扮北极熊的研究活动。

总体上来讲,处于群体中时,单个动物的安全感似乎有所上升,它们的警戒强度会下降。目前有三个假说来解释这个现象。一个是我们之前有所涉及的多眼多耳假说,也就是说群体中的成员数量多,拥有更多双眼睛、更多只耳朵,从而获得了更多发现敌人的机会。第二个是稀释效应假说,这个假说的出发点是,群体中的个体数量越多,在捕食者有限的情况下,个体被捕食者盯住的概率就被稀释了。最后一个假说是资源竞争假说,相比个体占有生存资源来说,群体内部会产生竞争,个体不得不投入更多的精力,去获取生存资源。如果我们细细体会,就会发现这三个假说之间实际上是相互渗透的。它们被动物生存的一条铁律串联着,那就是,尽可能减少自身的消耗,尽可能获取外界的资源，然后尽可能安全地活下去。

为此，动物还产生了一些一般只在群体生活中才有的行为模式。以普氏原羚（*Procapra przewalskii*）为例，下面我来介绍一下这种可爱的生灵，它是我国特有的物种，不过当前的处境可不太妙。目前，野外大约还有1 000多只普氏原羚，分布在青海湖的周围。在历史上，普氏原羚曾广泛地分布在我国西北的草原地区，包括内蒙古、甘肃、宁夏和青海等地。现在，它们只剩下青海湖附近这唯一的栖息地了，而且这块栖息地也已经被公路、围栏等人造物所分隔。

普氏原羚不会进行长距离迁徙，它们会成群地在草场生活。根据研究，处于群体外围的普氏原羚比靠近中心的会表现出更高的警戒强度。这倒也不奇怪，毕竟捕食者要捕猎的话，也是从外面抓起，所以处于群体外围的风险要高得多，自然也要更加小心了。另外，群体动物在警戒行为出现的时候还有一个特点：当一只动物表现出明显的警戒行为的时候，它附近的动物也倾向于表现出警戒行为。这也是一个可以理解的逻辑：如果同伴已发现可能存在危险，那我也应该留心一下，至少不应该毫无准备，以免来不及逃跑或者掉队。

通常来讲，群体越大，动物的安全感应该越高，警戒行为的强度应该相应地下降。但是普氏原羚并不完全是这样，这种现象只在普氏原羚的雌性中出现，雄性的警戒行为强度

▶ ▶ 表现出警戒行为的普氏原羚

却没有多大变化。因此，我们必须给雄性的这一反常现象做出解释。

一定有什么东西阻碍了警戒行为的下降。而且，这必定是伴随着群体的增大而出现的。

从种内关系上来说，群体反应带来的负面影响是竞争。与雌性相比，雄性多了一种竞争形式——同性之间的竞争。也许正是因为群体增大，雄性要面临更多的挑战者，所以它们必须要保持足够的警惕性。另一个情况似乎也能印证这一点。在繁殖季节里，不论雌雄，普氏原羚个体的警戒行为强度都会上升，因为在这个季节里，优势雄性的攻击性会增加，不仅会对其他雄性造成伤害，有时候甚至会伤到雌性。所以，动物在群体中的警戒行为不仅对外，同时也对内。

尽职的哨兵

在具有较高社会化程度的群体中，我们有时还能找到一些专门的哨兵，它们减少或放弃觅食活动，专心为群体监视四周，群体因此可以获得一个相对安心活动的机会。毫无疑问，这是一种奉献——这些个体不仅放弃了获取生存资源的机会，往往还会承担比较大的生存风险，对天敌的预警则有可能暴露自己的位置，招来捕食者的觊觎，结果丢掉性命。

它们为什么要承担警戒任务呢？

以台湾猕猴（*Macaca cyclopis*）为例，这是我国台湾地区唯一一种本土灵长类动物。群体的核心是猴王，它带领自己的副手掌控整个猴群。在栖息地时，猴王居于群体的核心，地位较高的雌猴和幼猴环绕四周，而地位较低的雌猴和幼猴则不得不远离中心，被迫承担警戒任务。而迁徙时，这些地位较低的雌猴和幼猴也要殿后。从这个角度来讲，这种警戒任务是在社会等级的阴影下被迫接受的。但是，也有自愿担任警戒的成员，那就是游离在群体组织边缘的一些雄猴。它们自愿当前锋，自愿固守领地，它们跟随猴群行动，但也随时准备挑战老猴王。它们自以为是群体未来的接班人，虽然自己尚不是主人，但是并不代表别人可以随意入侵自己的势力范围，也不愿意看到群体遭受重大损失。而在群体周围晃荡，也使它们有机会接触那些群体外围的雌性，甚至有可能另组家庭。川金丝猴就是这样做的，它们的群体一般由几个以雄猴为核心的家庭单元和一个由纯雄猴组成的单元构成，偶尔会有纯雄猴单元的个体从其他家庭单元拐出不受宠的雌猴，组建起新的家庭单元。

事实上，生物的多样性使情况变得更加复杂，自然界还存在不同物种之间组建的共同预警体系。但这些可能更像是动物能够彼此听懂对方的报警声而已。比如担任警戒任务的猴子向猴群发出的报警信息，吃草的鹿也能够听懂，于是鹿会做出警戒反应。而鸟类发出的警戒声同样会引起其他动物的警觉。这种能够互相听懂对方报警声音的特质会使动物更加受益，毕竟多一双眼睛监视环境，就多了

▶ ▶ 一群台湾猕猴

一分安全。实际上，这种报警协作在昆虫中也存在，如塞尼弓背蚁（*Camponotus senex*）会利用身体在树上敲击出"鼓声"来报警，这种报警信号很类似当地的一种蜂类（*Polybia*）发出的声音，它们极有可能和这种蜂类共享了报警声。

当然，这种互利的和谐并不总是存在。以牛椋鸟（oxpecker，*Buphagus erythrorhynchus*）为例，这类小鸟与食草动物为伍，它们拥有强劲的爪子，帮助它们在牛羊的背上站稳。牛椋鸟以食草动物身上的寄生虫为食，也会驱赶蚊蝇，这些都是它们的食物，对牛羊也是有利的。同时，牛椋鸟锐利的视野能及早发现肉食猛兽并发出报警鸣叫，这能帮助食草动物摆脱捕食者。这看起来相当美好。但是，牛椋鸟对食草动物身上的伤口也起到了破坏作用，它们会将伤口扩大，以便吸血，而扩大的伤口会产生更多的寄生虫，利于它们获取食物。甚至

▶ ▶ 南非，非洲野牛和牛椋鸟

在牛椋鸟筑巢的时候，还不忘从牛羊身上拔毛去铺窝。

还有一种是非洲的鸟类叉尾卷尾（*Dicrurus adsimilis*）。这种黑色的小鸟会向周围的动物发出报警声，但也并不总是这样，它们有时候会谎报信息，吓走别的动物，以盗取食物。为了使自己的谎言更逼

▶ ▶ 南非，叉尾卷尾正在舒展翅膀

真，叉尾卷尾甚至可以模仿其他动物的报警声。即使如此，其他动物仍然容忍了叉尾卷尾的恶意。这里面包含的逻辑是，万一报警是真的呢？毕竟命只有一条，是不能试错的。

同样的联盟还有鼠兔和鸟类。鼠兔是一类能够在草原上开掘洞穴系统的小型食草动物，它们并不在意与别的动物分享巢穴，时常会有鸟类和蜥蜴进出这些巢穴系统。这些洞穴为小动物的活动提供了庇护，至少可以躲避日光的灼晒、暴风和冰雹等恶劣天气。因此古语就有"鸟鼠同穴"的说法。当然，鼠兔也得到了好处，它们可以从鸟类的惊鸣中判断出可能有危险临近，进而实施逃避行为。不过，有时候鼠兔也会主动凑到别的动物那儿去，有报道高原鼠兔（*Ochotona curzoniae*）会凑到高原鼢鼠（*Myospalax baileyi*）的窝边进行造巢活动，从而出现共栖现象。高原鼠兔可能很喜欢高原鼢鼠巢形成的栖息环境，但是，高原鼠兔对它们"共同的家"的改建和扩建活动往往导致鼢鼠巢坍塌，鼢鼠要不停地修缮洞穴，最后不堪忍受，弃巢而去……

▶ ▶ 即使在纸上，我们也能感受到非洲狮群行动时产生的压迫感

为了我们的餐桌

餐桌旁的巨蜥

窗外响着鞭炮声，我们坐在屋里。这是一位朋友的婚礼。我被迎宾安排在了一张餐桌前，差不多相同的原因，我们十来个贺喜的宾客就这样拼成了一桌。我们都不太熟，多数甚至素未谋面。我们坐在一起，仅仅为了吃这一顿喜酒。同一桌的人们相互熟悉着，有一句没一句地聊着。很快，酒菜上来了。一位男子很熟络地打开酒瓶，开始给喝酒的几个宾客倒酒。我不喝酒，不过这不妨碍我饶有兴致地看着他们互相敬酒，越聊越起劲，直到喝得"面红耳赤"。我知道，他们在酒桌上说的话多半都不作数，不论是称兄道弟，还是信誓旦旦的承诺。这场酒席散去，人们将各奔东西，投入到各自的生活中。于是，我的脑袋里不合时宜地蹦出来一种动物。我们有点儿像一群赶来聚餐的巨蜥。

在远古，蜥蜴能够长到很大，但是现在它们大不如前了。不过巨蜥（monitor lizards）例外，其中最大的体长超过两米。世界上大概有70多种巨蜥，其分布范围从非洲热带起，穿过南亚次大陆，延伸至中国及东南亚，继续向东直到澳大利亚，在这些地方都能看到它们的身影。巨蜥长着蛇一样的脑袋，会吐出分叉的舌头，它们的脖子长而灵活，脚爪也非常粗壮有力。如果不看脑袋，给人的感觉有那么一点儿像鳄类，不过它们身上的鳞片要单薄得多，而且时常会看到褶子。

巨蜥里最著名的恐怕就是科莫多巨蜥（*Varanus komodoensis*）了，也叫科莫多龙（Komodo dragon）。不过，它们并非恐龙后裔（鸟类才是）。科莫多巨蜥生活在印度尼西亚科莫多岛及其附近地区，它们是那里的顶级掠食者，也是现存蜥蜴大家族中体形最大的，其体长最长可达3米，体重达70千克。

▶ ▶　迎面而来的科莫多巨蜥，会带来巨大的压迫感

　　科莫多巨蜥的食谱包括无脊椎动物、鸟类和哺乳动物，其中鹿等动物是它们的主食，但它们也会吃遇到的腐肉。科莫多巨蜥是非常出色的捕食者，它们倾向于单独寻找猎物并发动攻击。科莫多巨蜥的眼睛可以锁定猎物，在300米外就能发现目标。起初人们以为科莫多巨蜥是聋的，但事实并非如此，只是它们所能听到的音频范围窄，大约从400赫兹到2 000赫兹。以上两点虽然对它们的捕猎能够起到一定的帮助，但起决定作用的是科莫多巨蜥的嗅觉。它们嗅闻猎物不是通过鼻子，而是通过那长长的、黄色的、分叉的舌头。舌头的根部和犁鼻器（Jacobson's organs）关联，可以帮助它们分辨出空气中猎物的气味。

　　科莫多巨蜥的咬噬是相当致命的。一方面，科莫多龙的唾液中含有细菌，其中被检出的多杀巴斯德菌（*Pasturella multocida*）已经被证实可以引起小鼠败血症和死亡；另一方面，2009年，布赖恩·菲拉（Bryan G. Frya）等人在科莫多巨蜥的下颌找到了两个分泌毒蛋白的腺体，这些毒蛋白具有抗凝血、降低血压、麻痹肌肉、降低体温等作用，会导致中毒的猎物休克。

　　科莫多巨蜥能够很好地利用它们的武器，由于其奔跑速度不算太快，只有大约每小时20千米，也许还更慢一点儿，所以它们以伏击为主。当合适的猎物进入其攻击范围后，它们会迅速发起攻击，猎物的腹部和喉咙将是攻击的重点，也有人观察到它们能用强力的尾巴将成年的猪和鹿击倒。即使猎物逃脱，只要其被咬伤，仍然逃不过死亡的命运，之后科莫多巨蜥就可以靠敏锐的嗅觉，牢牢锁定猎物。

　　一旦猎物倒下，血腥的气味会招来附近的科莫多巨蜥，尽管它们可能并没有参与整个捕猎过程，甚至彼此并不熟悉，但这丝毫不影响

▶ ▶ 在科莫多巨蜥的攻势下,猎物已经失去了逃跑的能力,接下来就只能等待死亡了

它们来参加这场聚会。死亡的猎物就是餐桌,巨蜥宾客们按照顺序落座,体形大的先围拢过来进食,然后,体形小一些的在外围游荡,等待进食。它们会用粗壮的爪子固定住尸体,然后晃动脑袋,扯下大块的食物。它们下颌有多个可以活动的关节,从而使嘴巴可以张得很大。一头体重50千克的雌性科莫多巨蜥可以在17分钟内,解决掉31千克重的野猪。它们的胃弹性较强,可以容纳下相当于体重80%的肉食。

　　科莫多巨蜥平时是独居的,只有在进食的时候才会聚集到一起,因此,它们会在餐桌上展现出各种社会行为,包括确定等级顺序、求偶,甚至是交配。由于长相非常相似,动物学者通常很难在观察中区分出它们的性别,但是科莫多巨蜥之间显然不存在这样的困难。雄性在取悦雌性的同时,也能精准地攻击其他雄性。所以,科莫多巨蜥在

▶ ▶　餐桌上的科莫多巨蜥可谈不上优雅，它们会争夺每一块食物

餐桌前，除了甜言蜜语，还有剑拔弩张。

　　事实上，那些体形略小的巨蜥还要承担被体形较大的巨蜥抓住、杀死和吃掉的风险。那么年幼的科莫多巨蜥呢？它们根本不会参与这个聚会。因为，它们有可能被当作餐桌的点心一同吃掉。这些小家伙生活在树上，成年的巨蜥则因为体形巨大而不能爬到树上去捕食它们。

　　大餐之后，曲终人散，巨蜥各自回到自己的地盘上休息、挖洞、晒太阳或狩猎，等待空气中传来下一顿大餐的味道。

河湾的鳄

　　与科莫多巨蜥同属爬行动物的鳄类起源自两亿多年前的三叠纪晚期，几乎与恐龙同时登上历史的舞台。但是与恐龙不同的是，鳄类选

▶ ▶ 潜伏在水中的眼镜凯门鳄，它看起来就像一小
块普通的石头
图片来源：冉浩摄

择了沼泽和浅水作为自己的主场，并且成功渡过了 6 500 万年前的那场难关，繁衍至今日。

毫无疑问，在现存的爬行动物中，鳄类的体形最大，是当之无愧的爬行动物之王。实际上，鳄类和蜥蜴在身体结构上也有很大的差别。它们已经适应了水生环境，咽部进化出了腭帆，腭帆关闭时，口腔便与呼吸道隔开。因此，鳄类能在水中把嘴张开而不怕呛水，甚至它的嘴里充满水时也能呼吸。鳄类的心脏与鸟类和哺乳动物一样，有 4 个房室，而其他爬行动物的心室并未完全分隔，还是三腔室心脏，其供血能力自然不及鳄类。此外，鳄类的眼睛除了眼睑外还有瞬膜和泪腺，使它们既适应在水中生活，又可避免在陆地上活动时的干燥和污秽。

尤其值得一提的是，鳄类作为爬行动物中比较先进的一支，虽然脑容量仍然很小，但是它们出现了新脑皮，也就是我们常说的大脑皮质。新脑皮在鸟类和哺乳动物中普遍存在，鳄类正是首先出现这一结构的爬行动物类群之一。因此，从这个角度上来讲，鳄类的智力应该高于不少爬行动物（但是要低于鸟类）。

这也使得鳄类的行为更加复杂，并且具有一定的记忆和学习能力，因此它们在生活上更加灵活，并且可以在一定程度上被驯服。但它们并不温驯。有很多故事提到给鳄剔牙的埃及小鸟，并且说小鸟站在鳄的嘴里，为鳄清理掉牙齿缝中的碎肉和寄生虫，而鳄则张着嘴任由小鸟在嘴里蹦跶，也不会吃掉它们。这种说法出自古希腊学者希罗多德的记述，但是现代暂无人确切观察到这一现象。"嫌疑"最大的鸟类是尼罗鸻（*Pluvianus aegyptius*），但是相关行为的几张经典照片很可能是伪造的。鳄的牙齿很稀松，或者说齿缝很大，并且常受流水的冲刷，应该没有食物残渣存留。一些鸟类确实常在水边活动，从而造成了在鳄身边活动的假象，但鳄其实不太理会这些鸟类，因为鳄抓不住它们。如果鳄的嘴边吸附了水蛭，也许确实偶尔有鸟过去啄一口，但这远不足以构成鸟的主要食物来源，并且它们要是真冲到鳄的嘴巴里折腾，结局一定是悲惨的。

鳄类倒是确实把聪明才智用在了捕猎上。生活在澳大利亚的湾鳄（*Crocodylus porosus*）会观察水边野营的人类的行为，并选择在夜晚上岸突袭宿营游客。此外，密河鳄、短吻鳄和泽鳄能够利用树枝来诱捕收集筑巢材料的鸟类。当然，后者到底是本能行为还是后天习得的行为还有待进一步研究。

鳄类确实有社会性的集群行为，特别是在捕猎时，它们会出现合作行为。

鳄会聚集在一起享用途经的鱼群和哺乳动物等食物资源，也会猎杀在栖息地落水或在水边活动的动物。尼罗鳄（*Crocodylus*

▶ ▶ 尼罗鳄捕食年轻的同类

niloticus）会在牛羚（角马）和斑马迁徙路线上的河道集合，它们潜伏在水中，等待将从这里渡河的大群哺乳动物。一般来说，首先由一条尼罗鳄出手，咬住猎物，然后周围的鳄会纷纷"补刀"，将猎物杀死。之后，便是周围的鳄一起进餐了。由于鳄类不能咀嚼，撕扯的能力也不强，它们一般是咬住猎物，然后旋转身体打滚儿，将肉拧下来吞掉。在整个进食过程中，没有观察到鳄之间的攻击行为。抢先出手的鳄之所以能够容忍其他鳄补刀并且瓜分猎物，是基于两个事实：一是渡河的牛羚等动物体形往往较大，一只鳄很难迅速制服猎物；二是即使把猎物拖走，也很难驱赶那些眼热的同类，因此，不如大大方方拿出来与人分享，然后大大方方地去分享别人的成果。在哺乳动物中，有时这种共享会更进一步，在同一地点栖居的吸血蝙蝠之间有

▶　▶　等待猎物渡河的尼罗鳄

时存在着反哺的现象，也就是将自己的食物反哺给饥饿的同伴。这可能基于一个基本的事实，那就是血不是每一次外出都能够获取的。把自己的食物与同伴分享，是期待着同伴在未来同样会将食物与自己分享。

基于类似的原因，鳄类之间也可以跨物种合作，尼罗鳄和凯门鳄（*Caiman yacare*）曾被观察到在狭窄的水道截杀鱼群。这些鳄会选择并排在一起，方向一致，从逆流方向挡住水流，截断鱼群的去路，这使得整个共同体的每个成员都有更多的机会可以抓到鱼。这并不代表它们彼此有多友好，大家只是有共同的利益目标而已。类似的合作在哺乳动物中也存在，如美洲的郊狼和美洲獾（*Taxidea taxus*）合作捕猎啮齿动物，前者在地面追捕逃出洞口的猎物，而后者则在地下捕捉

▶　▶　在非洲肯尼亚的马拉河，尼罗鳄攻击正在渡河的牛羚

洞穴中的猎物。但郊狼和美洲獾只是各自捕捉自己的猎物，并不会彼此分享战利品。

尽管存在合作行为，雄鳄还是很有领地意识的，特别是在繁殖季节，尼罗鳄的雄鳄要划定自己的繁殖领地，并经常与周围的领主或者没有领地的雄鳄发生冲突，不时会有鳄受伤。争斗之前，雄鳄会将头露出水面，尾部也会露出，形成一种警告姿态，不同种类的鳄还会辅以不同的动作。接下来，如果入侵者不肯退走，就要进行仪式化或者试探性的较量。当然，也有真大打出手的。不过真要打起来，对两条鳄来说都不是好事，毕竟潜在的竞争对手可不止对方。

▶ ▶ 鳄在战斗前表现出来的警告性姿态
图片来源：冉浩绘

雌鳄达到一定的年龄后就具备了繁殖能力，如尼罗鳄一般要到12~15岁，体长达到2.6米左右。雌鳄可以在雄鳄的领地间自由穿梭，当然，领地的主人也不会放过表白的机会。求偶的时间范围非常宽松，也许是几分钟，也许是一小时，不同的种类有不同的流程要走。比较典型的过程分成三个部分，第一部分是吸引和表白的信号，第二部分是彼此接近，第三部分则是交配前行为，还有紧随其后的交配行为。例如对于密河鳄（*Alligator mississippiensis*），第一部分表现为抖动身体发声（bellowing）和头部击水（headslapping），其有效求偶距离可以达到50~75米。

当然，还有一些雄鳄非常不守规矩，直接冲过去进行暴力胁迫。甚至曾有报道说，在澳大利亚，一条湾鳄认错了求爱对象，冲过去弄沉了一架小型水上飞机。

合作的掠食者

接下来就让我们说说恐龙和鸟类，它们是更进步的动物类群。通常，鸟类会被单独拿出来归为一个动物类群，但实际上，它们和恐龙是一脉相承的，是活着的恐龙。已经有迹象显示，恐龙具有更高明的群体掠食策略。

关于这一点，我们要回到恐龙的足迹化石上来，就像雪地里北美野牛的脚印一样，它们能够还原出当年的一部分场景。我有一位很要好的朋友——邢立达，他目前在大学教书，成果颇丰，据称以一己之力提升了整个学校的世界排名。当然，这是玩笑话，也有点儿夸张。但是他确实取得了很多不错的成果。我们在古生物领域有合作研究，我曾经写了一本《非主流恐龙记》来讲述我们之间的故事。

立达在山东诸城皇华镇的皇龙沟发现了一个有趣的例子。这是一个相当大规模的恐龙足迹化石点，单是表层暴露的恐龙足迹就有2 200多个，后来又清理出来了2 000多个。所以，这是一个规模相当巨大的足迹群了。

这么多足迹自然就有故事了。

经过勘察，这些足迹可能至少分两个时期形成，第一个时期是大

▶ ▶ 皇龙沟足迹点发掘现场。图中清晰可见的那些"坑"是大型蜥脚类恐龙的足迹，它们的足迹真是挺大的

图片来源：邢立达供图

型蜥脚类恐龙群体迁徙时。第二个时期就是大量的鸟脚类和兽脚类恐龙在水源地附近活动时，这些足迹压在了蜥脚类恐龙足迹的上面。而故事就发生在后面的这次造迹活动中。

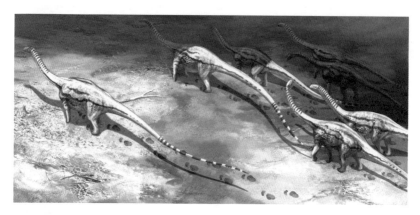

▶ ▶ 皇龙沟上层足迹复原图

　　图片来源：张宗达绘，邢立达供图

▶ ▶ 皇龙沟足迹，大型食肉恐龙围捕小型恐龙的复原图

　　图片来源：张宗达绘，邢立达供图

在这次造迹活动留下的足迹里，有大量较小型的兽脚类恐龙的足迹，这些足迹密集而散乱，似乎群体正在遭遇什么事情。而在这些较小型足迹群的外围，我们看到了较大型兽脚类恐龙的行迹。这些行迹似乎将较小型足迹截断，或者说分割包围。

在这种情况下，我们更倾向于用较大型的食肉恐龙对猎物的合作围剿来解释这个足迹蕴含的故事。它们也许是慢慢靠近、围拢那些较小型的恐龙，冲入它们的群体中，打乱它们的阵形，然后大快朵颐。

如果事实如我们所想，那这会是一个群体合作围捕另一个群体的例子。事实上，只有群体才能对群体造成最大的破坏效果。这样的例子在海洋中也有。

我们在之前已经提过，大洋中的金枪鱼是海洋中的掠食者。它们成群活动，非常善于冲散饵料鱼群的阵型，然后在混乱中攫取好处。

当然，大自然绝不会如此简单。金枪鱼群不时被发现和其他物种存在联系，甚至会和其他动物群体一同出现，包括海鸟、鲨鱼和海豚等。如在马尔代夫群岛，黄鳍金枪鱼经常被观察到和点斑原海豚（Stenella attenuata）一同出现，这甚至被当地的渔民作为寻找金枪鱼群的依据之一。

原木或其他漂浮物看起来也是形成这种关系的聚集地，原木会引来各种鱼、饵料或者天敌，当然还有金枪鱼。有一些人就利用这个特点来捕捉金枪鱼。鲨鱼同样会因漂浮的原木而相遇，比如灰珊瑚鲨。鲨鱼会跟随金枪鱼的捕食团队冲击猎物或饵料鱼群，捡点儿剩饭吃。当然，如果有机会，鲨鱼也会露出獠牙，作为掠食者出现。而这些追随现象会随着金枪鱼群里个体的成长和游泳速度的增加而减少，直到鲨鱼挥着白手绢道别："亲！你们游得太快了！我追不上了……"

海鸟和海豚也差不多是同样的情况，它们在没有金枪鱼的情况下能够独立捕食，与金枪鱼一同出现的时候也没有表现出和金枪鱼群的互动。所以，所谓的合作其实多半就是大家一起来把局面搞乱，然后各路英雄一起浑水摸鱼。它们之所以能够协作出手，一是因为活动的海域相同，二是因为捕食的食物资源有重叠。于是，一旦有猎物，大家就都凑到一起来"分赃"了。

恐龙的后裔——鸟类——合作捕猎的水平有了显著提高，虽然合作捕猎在鸟类中并不多见，但确实存在。特别是在繁殖季节，配对的金雕等猛禽就会合作。不过，这里最值得一提的是栗翅鹰（*Parabuteo unicinctus*），它们在非繁殖季节也会合作。

栗翅鹰是中型猛禽，全身棕色，翅膀上带着一点儿栗色，主要生活于美洲地区有植被的开阔地带，如半干旱的荒漠、灌丛带、草原、开阔林地，甚至是有树木的农田区。栗翅鹰的食谱相当广泛，包括兔类、小型哺乳动物、鸟类、蜥蜴和昆虫。自1988年开始，栗翅鹰的合作捕猎行为开始被关注。

根据观察，栗翅鹰的捕猎活动从黎明开始。它们离开晚间的住所，径直飞上自己领地中显眼的树木或电线杆。当发现其他栗翅鹰以后，所有的栗翅鹰会聚集到一起。一旦完成汇合，这些栗翅鹰又马上会分成小群，以1~3只为一群，开始进行短距离的飞行，通常飞行100~300米后会停在高处，然后再起飞。它们在领地范围内连续进行着这种看起来有点儿像蛙跳的飞行，偶尔会重新聚拢到一起，然后再分开。这应该是它们在联合巡视领地，同时寻找猎物。这样的搜索行动一直持续到猎物警觉或者不再活动为止。有时，它们也会从中午开始这种搜寻活动，通常会持续到傍晚。

一旦发现猎物，它们通常会迅速完成猎杀，但有的时候也需要几只鹰来合作完成几次俯冲才

▶ ▶ 停歇在电线杆上的栗翅鹰

能得手。比如，当兔子找到了掩体，鹰就有可能采取合作的伏击策略。鹰会从各个方位将猎物消失的地点包围，然后一两只鹰会试图进入掩体。一旦兔子受到惊扰逃了出来，外围伏击的鹰会立即扑上去，杀死猎物。当然，之后它们会分享猎物。这种捕猎模式似乎非常常见。

另一种不太常见的方式是接力攻击，在这个过程中，领衔的角色在群体成员中不断进行交接。当领衔者发动攻击却没有命中后，它的领衔角色立即被其他成员接替。由于这样快速的角色切换，这个捕猎团队可以在短短800米的距离内发动超过20次攻击，其对猎物的威胁性不言而喻。

通过团队合作，栗翅鹰获得了比单独行动更大的成功率，也使它们能够在资源贫瘠的环境中一直繁衍下去。

简单合作与群捕

在电影《侏罗纪公园》中，食肉恐龙的合作捕猎被推到了更高的

水平，它们能够围攻比自己体形更大、单独行动时无法杀死的猎物。这与前面介绍的合作捕猎又不相同，不管是山东的足迹化石，还是金枪鱼或者栗翅鹰，每个个体都有足够的实力单枪匹马杀死猎物，而群捕（pack hunting）不是这样。群捕是合作捕猎的最高水平，群体成员密切合作，可以捕猎到单个个体无法杀死的猎物。比如，狼群可以猎杀体形巨大的野牛，但如果只有一匹狼，则可能反过来会被愤怒的野牛驱赶。

恐龙群捕的说法可以追溯到古生物学家约翰·奥斯特伦姆（John Ostrom）。他在1969年为著名的恐爪龙（*Deinonychus*）命名，其中的代表是平衡恐爪龙（*Deinonychus antirrhopus*）。这种恐龙的后足上拥有锋利而显眼的大爪子，可以作为猎杀利器，它们的体长大约3.4米，生活在距今1.08亿~1.15亿年前的早白垩世，并且被认为是机敏灵活的掠食者。而这个家伙后来就被《侏罗纪公园》的编剧和导演看中，成了电影里面迅猛龙的原型。不过，剧组犯了一个错误，将这种恐龙和略小的伶盗龙弄混了。

恐爪龙类恐龙很爱惜自己的大爪子，它们在行走的时候会把一根脚趾翘起来，所以会形成很独特的两趾行迹，我们多次遇到过这样的行迹。不过立达还是在其中找到了三趾的爪印，这说明它们在路面不好走的时候也会放下爪子，以便抓牢地面。

奥斯特伦姆显然对他命名的这类恐龙非常自豪，他认为恐爪龙要比其他掠食性的恐龙更社会化。1990年，他还表示，这种恐龙也许会像狼或者鬣狗一样存在着合作行为。而支持他观点的证据，就是恐爪龙最初被发现时的埋藏状态，现在在耶鲁大学皮巴蒂自然历史博物馆仍然原样保存着当时的埋藏状态：四具恐爪龙化石和一具单独的、体形较大的食草性恐龙泰南吐龙（*Tenontosaurus*）化石埋藏在一起。也许这代表了当时四头恐爪龙合作杀死了这头7.5米的大家伙？

于是，人们想象了这样的场景，一伙饥饿难耐的恐爪龙躲在布满岩石或林木的葱郁地段，等待着恰到好处的时机。随后，这头庞大笨重的泰南吐龙出现了，恐爪龙们一齐冲出，将猎物团团围住。紧接着，猎手们从不同角度发动攻击，将脚上锋利的趾甲刺向那个倒霉的家伙。死神很快降临，甚至猎物还在痛苦地扭动和垂死挣扎时，恐爪龙们就开始大饱口福了……

很快，这种围杀大型猎物的行为猜想被推广到了其他掠食恐龙身上，特别是那些看起来和恐爪龙形态很相似的肉食恐龙身上。

但是，还是有科学家提出了质疑。布赖恩·罗池（Brian T. Roach）和他的合作伙伴丹尼尔·布瑞克曼（Daniel L. Brinkman）就是其中的代表。

这两个人觉得事情有点儿不太对。虽然群捕可以猎杀到比自己体形大的食物，让每个家伙都吃得饱饱的，但是这种围杀体形很大的动物的情况只发生在哺乳动物中，在和恐龙亲缘关系很近的鸟类中从未发现过。而在鸟类以及爬行动物中，往往是一个猎手单独捕杀了猎物，然后大家一起赶过来分享，比如科莫多巨蜥。即使有多达6只栗翅鹰进行合作围猎，围堵小型猎物，最后也仍由一个猎手在最适合的时机给予致命的一击。因此，在鸟类中猎手数量的增加，只是增大了捕食成功的概率，并没有提高猎物的体积。和鸟类接近的恐龙掠食者真的会围杀比单个猎手所能捕获的更大的猎物吗？其实，食肉恐龙进攻大型食草恐龙也未必一定需要杀死对方，只撕咬下一块肉来就可以果腹吧？

罗池等人决定亲自去看一看那个化石埋藏的场景，结果他们并没有看到埋藏在一起的恐龙化石表现出任何围猎的姿态，它们只是躺在一起罢了。但埋藏在一起并不代表一定是这四个家伙杀死了猎物，相反，完全可以用鸟类和爬行类的行为来解释。于是，一个新的场景版本出现了：

一只泰南吐龙因为某些原因变成了尸体，也许一只恐爪龙幸运地打败了它，也许是别的原因，总之它死了。附近的恐爪龙闻见腥味，赶来分食。这个时候，恐爪龙通过彼此争斗来决定各自的食物分配，那些不够强壮的成年或幼年个体会被驱赶，甚至被杀死，一同吃掉。而四只恐爪龙恰好都是未成年，它们很可能不是猎手，而是在赶来进食时被同类一并杀死的。若真是如此，这与真正的群捕就差得远了，这个景象可能更接近科莫多巨蜥或者秃鹫进食的样子。

在陆地上，哺乳动物和某些昆虫才是群捕的大师。前文提到的狼群捕食北美野牛，以及后面要重点介绍的非洲狮、非洲野犬等都是典型的例子。蚂蚁也精于此道——这是我最感兴趣的动物类群，在后面的章节，我将专门为您介绍这个神奇的类群。在此之前，我们先来预热一下，说说安氏阿兹特克蚁（*Azteca andreae*）。阿兹特克是诞生于美洲的一个印第安文明，被生物学家用来给这群美洲雨林地区的蚂蚁命名。这种蚂蚁有一种绝妙的捕食者策略——安氏阿兹特克蚁的工蚁隐藏在植物叶子的背面，并排着靠近叶子的边缘。从上往下看，你很难注意到这些蚂蚁，看起来就是普通的叶子。这对于空中的飞虫来说，真是个大杀招。一旦有飞虫落上去，特别是落在靠近叶子边缘的地方，那些埋伏在叶子背面的蚂蚁就会冲上去，在很短的时间内拖住昆虫。接下来会出现更多的蚂蚁。这些蚂蚁的力气很大，它们甚至能捕获到对它们来说堪称庞然大物的蛾子。如果把它们放大到人类的尺寸，这比远古猎人围捕大象的场面要宏大得多。

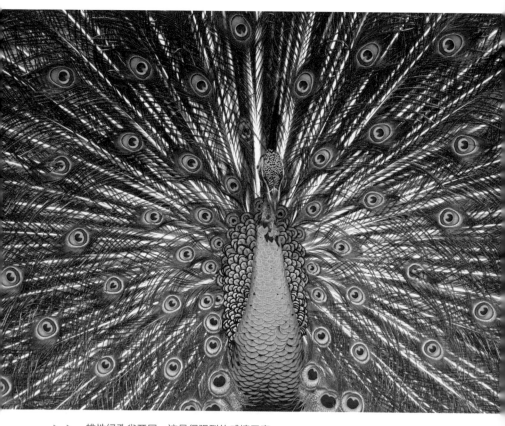

雄性绿孔雀开屏，这是很强烈的感情示意

为了倾心的那只

　　春季，天色渐晚，我走在路上，旁边的水塘里传来了蛙鸣声。挨过了漫漫严冬，它们繁殖的季节又到了。也许是蟾蜍的叫声，我知道，这里生活着不止一种蛙或者蟾蜍。我在附近见过的有黑斑侧褶蛙（*Pelophylax nigromaculatus*）、中华蟾蜍（*Bufo gargarizans*）和北方狭口蛙（*Kaloula borealis*）等。在这三种蛙类中——没错，严格来说，蟾蜍也属于蛙类——黑斑侧褶蛙的存在感最低，虽然它的数量其实比北方狭口蛙要多不少。北方狭口蛙并不多见，事实上，我在本地已经很久没有见过了，但是，在我的童年记忆中却对它的印象相当深刻。这是一种体形很小的蛙，当时几乎所有的小孩都认识它。只要它出现，孩子们总是会冲上去抢着将它捉住。因为这种蛙有一个神奇的本

▶ ▶ 黑斑侧褶蛙，很多地方说的青蛙都是指这种蛙

图片来源：冉浩摄

事，就是在受到刺激以后给自己充气，鼓起肚子，让自己看起来大一些。这是一项生存技能，一方面可以阻吓敌人，另一方面也可以增加蛇类吞食的难度。然而，这个能力在一帮"熊孩子"那里，却变得颇为致命。孩子们会拨弄摔打它，直到它完全充气，然后一脚踩上去，啪的一声，听个响，看个热闹。然而，现在想来真是太残忍了！

再来说说中华蟾蜍吧。我对这种蛙最熟悉，但除了我，儿时几乎没有玩伴关注它们——它们不仅丑，皮肤上还有毒腺，可以产生毒液。然而，它们对我来说也有着明显的优点，它们体形大，行动慢，跳得也没有金线蛙那么远。它们的活动范围一直可以延伸到田地里，你不用担心它们马上就跳到水里，这使得我有足够的机会来接触并观察它们。而且，相比金线蛙，中华蟾蜍对水质的要求更低，这使得它们更容易在城镇半污染的水源中生存下来。

在这个繁殖季节，我不仅能在很多地方听见它们的叫声，也能够借着夜色在朦胧中看到它们在争夺配偶的时候，雄性争先恐后地往雌性背上爬，激烈到在静水中激起了水花。当我第二天来到水塘边时，"曲终蛙散"，我看到了在浅水中石头间笔直的、纵横交错的、粗粉条状的透明卵带，每一条带都差不多有一两米长。卵带中几乎等距地镶嵌着一枚枚卵，卵会在那里发育成小蝌蚪，然后挣脱出来，拥抱这个新生的世界。

　　蛙类在繁殖季节的聚群行为几乎是普遍现象，毕竟只有聚集在一起，才能够从众多同类中挑选出自己心仪的目标，也能够吸引更多的异性。夜色中的蛙鸣更是尽人皆知，一些蛙类甚至在白天也不会停歇。蛙鸣是一种雄性的宣誓鸣声（advertisement calls），一方面用来吸引雌性，另一方面用来调节雄性之间的关系，比如警告路过的雄性或者保持彼此之间的距离。蛙类的叫声并不一定是呱呱声，有些更像鸟叫，有些甚至比较像电脑的系统提示音。不同物种的蛙会发出不同的声音，以便相互识别，让雌蛙找到正确的雄蛙。这一行为倒是和不少昆虫有相似的地方。不过与虫类依靠额外的构造进行震动或者摩擦发声不同，蛙类的发声方式来自对呼吸行为的改造。根据经常被送上实验台的北美豹蛙（*Rana pipiens*）的研究显示，与其鸣声对应的脑干部分在其他脊椎动物类群中是参与呼吸行为的。

▶　▶　　在繁殖季节，聚集在一起的欧洲林蛙的雄蛙

　　这是一个很奇特的过程，在鸣叫过程中，蛙的鼻孔关闭，空气被从肺部压到喉部的声带，并通过气管（trachea）进入气囊（air sac）中，后者就是蛙类下巴附近一叫就会充气的地方。气囊就像一面鼓，可以起到放大声音的作用。声门像个开关一样，可以调节空气的流量和声音的大小。在鸣叫时，整只蛙都像一个大声囊，空气被从气囊压回肺部，再从肺部压入气囊，循环流动，形成了一个闭合回路。当然，如果需要，它也可以通过打开鼻孔来获取新鲜的空气。

　　所以，蛙鸣实际上是一种很用力的变相呼吸过程，这相当消耗体力。通常来讲，体形更大、更强壮的蛙才能产生足够洪亮的声音，而那些小体形的蛙如果想发出和同类相仿的声音，就必须消耗更多的力气。这对于整夜的持久"作战"来说，绝不是一件好事情。而雌蛙显然掌握了识别雄性质量的方法。以渥后蟾（*Bufo woodhousii*）为例，这种蟾蜍的雄性同样是聚集在静水处进行集体鸣唱，雌性会倾听它们的声音，然后选择一只与其交配。雌性更青睐那些能每分钟发出很多次叫声的雄性，而不是那些叫声频率较低的雄性。实验室的录音测试也显示，播放高速叫声的扬声器更容易吸引雌性的注意。这对于没有足够体能的雄性来说，真是一件悲哀的事情。如果它离群单独鸣叫，叫声会被集体鸣叫的响声所吞没，没有雌性会舍弃大群的雄性而寻找一个孤独的鸣叫者；而如果它待在雄性的合唱群体内，它大概也只能甘当绿叶吧？自然选择，就是这么残酷。

黑松鸡的表演

　　与蛙类的静坐合唱不同，有些动物在聚群以后，会有非常多样化的竞争方式，比如黑松鸡（黑琴鸡，*Tetrao tetrix*）。这是一种雉鸡，雄性外表很黑，还有鲜艳的红色的大眉毛。雌性则非常土气。这种鸟类分布在从欧洲到亚洲北部的广大针叶林区域里，并不罕见。

▶ ▶ 处于求偶展示姿态的黑松鸡

每当春季，繁殖季节到来，雄黑松鸡的表演就开始了。这些雄鸡会前往一个公共的求偶场（lek）进行才艺展示。它们会把黑色的尾巴翘起来，就像孔雀开屏那样。它们的尾巴分成两层颜色，前面是一层较大的黑色羽毛，后面是一层相对较小的白色羽毛，虽然看起来没有孔雀那么漂亮，但总归不算太难看。它们

▶ ▶ 黑松鸡的雌性体形略小，它们的体色非常适合隐藏在栖息环境中

会不时抖动自己的尾巴，我猜这应该是一种很性感的炫耀行为。时不时地，它们还会仰头鸣叫，声音也算洪亮。每一只雄性都期望占据舞台中央，它们之间因此会爆发激烈的冲突。一旦冲突发生，它们的羽毛会蓬起，翅膀微微张开，从而使它们看起来更大。接下来是一对一的较量，它们用嘴巴啄，用爪子踢，短暂接触后分开，完成一个回合的较量，然后继续下一个回合，直到其中一方认输为止。认输的那一

▶ ▶ 求偶场上的雄黑松鸡

方会掉头逃离，胜利的一方则会追逐一小段距离。但是，失败者也未必会彻底退场，它们还会继续在场上晃荡，也许会去挑战下一个对手。

雄鸡卖力地在场上表演，雌性则在场下静静观看。对雄鸡来讲，这些表演绝不是白费工夫。佩卡·瑞塔迈基（Pekka Rintamäki）等人的研究清晰地表明，雌黑松鸡更加青睐那些在求偶场上出席率较高的雄性。虽然我觉得每一只雄鸡都长得一模一样，但是雌鸡一定有办法把那些演武场上的明星们区分出来。

事实上，利用求偶场方式进行交配的动物类群覆盖面相当广泛，雅各布·赫格隆德（Jacob Höglund）和劳诺·阿拉塔洛（Rauno V. Alatalo）专门写过一本名为《求偶场》（Leks）的书，里面记录了至少99种鸟类、24种鱼类、11种两栖类和爬行类、13种哺乳动物和74种节肢动物。在我主要关注的类群——社会性昆虫里，也存在大量的类似情况。在本书的后半部分，我们会继续探讨。

关于求偶场交配行为的产生，有很多假说，但似乎每一种假说都很

▶ ▶ 在求偶场上，雄黑松鸡之间会爆发激烈的冲突

难涵盖所有的情况。我觉得这是很正常的。鉴于这种行为在多个动物类群中都存在，我更倾向于认为它是在生物演化过程中多次独立起源的现象。而对这些行为的产生起到塑造作用的因素，应该并不相同。所以，本就不该只有一种假说来解释这个现象。有时候，可能在一个物种身上，需要同时用上多个假说才能解释得通。生物界具有足够的多样性，试图使用某个理论来覆盖所有现象的想法，极可能是有悖于生物多样性这一前提的。

说到这一行为产生的根本，无非是交配的需求，或者说，两性的吸引。也许是首先聚群的雄性吸引来了雌性，也可能是那里大量存在的雌性吸引了雄性的到来。这两种情况都有相应的证据支持。前者的例证包括蚂蚁，在多数蚂蚁中，都是雄性先在空中聚群，然后雌蚁飞来参与交配，交配完后，雌蚁会离开繁殖场。金头娇鹟（*Ceratopipra erythrocephala*）就是后者的一个典型例证。里尔（Lill）的模型显示，雄性的聚群与雌性的集群分布有关，而雌性的集群分布又与资源的分布状况相关联。而另一些情况可能更为直接，比如雄性的求偶行为需

要满足一些条件，但满足这些条件的地点有限，这些地点有些呈斑块状分布，那就必然会导致聚群繁殖的现象。

此外，聚群繁殖确实能带来一些额外的好处，比如获得群体防御上的优势。毕竟，在求偶场上兴奋异常的雄性，怎么看都是捕食者优良的午餐。然而聚集成群可以降低这一概率，同时也能因为多耳多眼，尽可能早地发现捕食者的到来。被捕食压力的减轻，将更有利于雄性个体投入更多的精力到求偶活动中。

当然，故事还没说完。我们不妨来看另一种松鸡——艾草松鸡（*Centrocercus urophasianus*）。这是北美地区最大的松鸡，它们的雄性拥有雪白的脖领，以及同样可以稍微开屏的尾巴。然而从正面看，最吸引眼球的莫过于那两个光溜溜的、诡异的、可以充气的囊，大概在母鸡看来这也是一种性感的展示吧。

▶ ▶ 求偶场中的雄艾草松鸡，与雄黑松鸡之间激烈的战斗场景不同，它们在求偶场中就这样站着

　　艾草松鸡的情况似乎符合一种被称为优势雄性模型的理论。艾草
松鸡的优势雄性会占据求偶场的中央位置，然后一边开它的小屏，一
边抖动胸前的两个气囊。它们的站位大体固定，低顺位的雄性站在优
势雄性的周围，位置越低，离求偶场的中心就越远。优势雄性将获得
80% 的交配机会，在整个春季，只有位于中心地位的少数雄性才会得
到雌性的青睐而获得繁殖的机会。

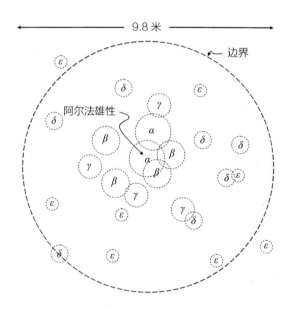

▶ ▶ 艾草松鸡的雄性在求偶场中的占位，优势雄性标记为阿尔法（α），其他雄性依次
按希腊字母顺序标记
图片来源：根据萨迪·卡诺的作品改制，CC-BY-SA

　　在这个模型中，优势雄性居于中心地位，如果将其移除，整个
雄性群体的占位将被洗牌，并发生明显的变化。但如果将低位雄性移
除，则不会对雄性的占位造成多大影响。优势雄性模型可以很好地解

释雄性所处的位置与交配频率之间的关系。但是，同样存在着一个疑点：如果真的是这样，那些低位雄性明知道与雌性交配的机会几乎为零，为什么还要加入这样的求偶场中呢？

这时候，我们也许要引入亲缘关系假说来尝试解释这个问题，即优势雄性和其他雄性之间可能存在亲缘关系，它们具有共同的基因库，优势雄性的生殖成功同样可以使其他雄性的基因得以传递。在这种前提下，更多的雄性也许可以吸引到更多的异性，同时对优势雄性起到突出、保护和替补的作用。然而，关于这个解释，还需要进一步的研究来进行验证。

审美与品位

在《求偶场》那本书的最后，两位作者归纳了诸多解释求偶场行为形成的理论。我的这本书不是严肃的教材，没必要把所有的假说一一列举。但那本书中提到的一个理论堪称简单直白的典范：Females prefer clustered males（雌性喜欢聚群的雄性）。这句话的字面意思是，仅仅因为雌性喜欢这样，所以雄性聚群了。而且作者还不忘总结说，这在某些交配系统中相当重要。

我对此并无异议，这确实相当重要。

你看，在求偶场中的雄性松鸡，不正是在想方设法地赢得雌性的青睐吗？

在动物的演化过程中，雌性的偏好绝对是塑造雄性的重要力量。让我们先来看看萨克森风鸟（*Pteridophora alberti*）。这是一种分布在新几内亚岛的小鸟，它的雄性拥有两根像孙悟空头上的凤翅翎那样的超级长羽。它其实比齐天大圣的翎更夸张，这种鸟只有20厘米出头，但头上的翎羽足有50厘米长！这相当于一个人带着两个半身长的翎。你可以想象一下这样的场景，确实足够夸张。

▶ ▶ 萨克森风鸟的雄鸟

图片来源：理查德·鲍德勒·夏普绘

然而，这种鸟还会利用头上这两根"呆毛"表演翎之舞给雌性看，就像挥舞着两根天线来回蹦跶。显然，被撩拨的雌性会鉴赏这两根长长的羽毛，看它们是否光滑、优美、足够性感，并以此来决定是否要委身于羽毛的主人。

而蓝脚鲣鸟（*Sula nebouxii*）的审美显然歪向了另一个方向。这是一种生活在美洲地区的水鸟，它们可以像利剑一样从高空刺入水中，在水下追捕鱼类。它们的求偶行为主要受到对方大脚丫的影响，它们要看对方脚上的色彩是不是够蓝、够亮。

也许在我们看来，这是一些相当让人困惑的诡异偏好。但是，我们不要忘记，在生命的演化过程中，自然选择是隐藏在所有动物行为模式背后的根本原因。雌性对雄性的选择，一定也是如此。它们一定要选出最优秀、最健康的那些雄性，性感的标准背后对应的是健康和生存能力。

一些鲜艳的羽毛或者一个较大的尾巴，对雄性来说，显然不完全

▶ ▶ 蓝脚鲣鸟与它们的蓝色脚丫

是好事，这确实更容易被异性发现，但同时也更容易暴露在捕食者的视野中。而较大的尾巴还会在它们逃走的时候制造麻烦——雄性会因此变得很笨拙。然而，雌性却有可能在其中发现另一套逻辑：你看，它的毛那么显眼，它的尾巴那么臃肿，但它居然活了下来！只有足够优秀的家伙才能在这样的拖累下活下来吧？那它一定能生个健康的宝宝！

一旦形成了这样的逻辑，拥有鲜艳的羽毛、奇怪的头饰和显眼的尾巴等特征的雄性就拥有了更多交配的机会。结果是，其后代可能带有同样的特征。于是，在雌性的偏好下，雄性就不可避免地走上了朝着某个方向演化的不归路，产生了更加夸张的头饰。而除了拥有更夸张的头饰，如果还能够随心所欲地舞动起来，那就更好了。基于此，雄性最终会演化出一套程序性的表演行为，雌性会在演化过程中产生评判规则，进一步筛选那些动作流畅、完美遵守规则的雄性个体。最终，这会促成一套物种独有的求偶表演行为，并以求偶行为的完美度来表征雄性的健康度——这是一个对体力、神经反应速度都具有很高要求的表演活动。

六线风鸟（*Parotia*）在这一点上已经达到了很高的水平。这是一种漂亮的小鸟，通常雄鸟的头顶有6根很别致、像天线一样伸展的翎羽。雄性的求偶之舞一般在地面上展示，雌鸟则会在枝头上观看。

　　事实上，我花了很大的心思才弄清楚这个求偶仪式的整个细节。关于此事，我愿意特别提一下弗里斯夫妇（Clifford Brodie Frith & Dawn Whyatt Frith）的工作。他们是澳大利亚知名的鸟类研究者兼动物摄影师，也是独立研究者兼作家，甚至自己成立了一家小型自然影像出版机构，出版了一些书籍。对于他们在自然领域的工作，我要致以敬意。

　　弗里斯夫妇曾经对六线风鸟的求偶舞蹈做了详细的研究。以劳氏六线风鸟（*Parotia lawesii*）为例，通常雄鸟会在林地的底部清理出一小块用作求偶的展示场，用嘴巴把这片区域内的树叶和小石子都甩出去。在即将开始求偶展示之前，雄鸟变得亢奋，它们频繁做出清理场地的动作，但也许实际上已经没什么可清理的了，它们的动作变得越来越仪式化。雄鸟在展示之前会发出叫声，一旦开始展示，就不再鸣叫了，这些叫声应该能够被同类的雌鸟识别出来，并起到召唤作用。舞蹈开始之初，雄鸟会低下头，像绅士在舞曲开始时向女士致意一般。不过，雄鸟表演的时候可能根本没有观众。然后，它会慢慢张开自己身上长长的羽毛，轻轻抖动翅膀，将这些羽毛展示出来。最终，所有羽毛就像一把伞一样，慢慢打开。然后，它就开始在场地上跳华尔兹，它摇动脑袋，使自己头上的六根翎羽来回

▶ ▶ 劳氏六线风鸟的雄鸟（上）和雌鸟（下）
图片来源：理查德·鲍德勒·夏普绘

摆动，不断开始变化自己的位置，就像一个黑色的陀螺在场地上转，虽然它并没有自转。同时，它还要展示颈部，也就是脖子附近的那片闪亮的羽毛。整套舞蹈会持续一小会儿，直到最后以鸣叫或者起飞结束。

▶ ▶ 劳氏六线风鸟的雄鸟张开"舞裙"开始起舞的过程
图片来源：仿绘自弗里斯夫妇

我们回过头来看蓝脚鲣鸟。它们取食沙丁鱼等小鱼，然后从这些食物中获取类胡萝卜素等色素，并最终使脚丫呈现蓝色。生存能力强、获取食物更多的个体，就能够摄取更多的色素。相应地，它们脚丫的蓝色也就更亮丽。而且，类胡萝卜素是免疫系统的抗氧化剂和激活剂，会因为疾病而被消耗，所以身体越健康，类胡萝卜素便消耗得越少，能在脚上沉积下来的蓝色也就越多。因此，并非蓝脚鲣鸟有爱脚丫的怪异嗜好，而是自然选择教会了它们通过分辨脚上的蓝色，来判断对方是不是一个健康的个体。毕竟，在个体层面，自然选择很难直接作用在基因上，它是通过外在的表型来筛选动物的。尽管健康、强壮的动物不一定能产下健康的后代，但至少比那些羸弱的个体更有希望。

小石子与忠贞

虽然对雄性来说，在竞争中败下阵来是一件很糟糕的事情，但并不意味着事情就没有转机了。很多时候，它们可以重整旗鼓，再次挑战，或者曲线救国，从别处想想办法。

最常见的方法之一就是组成雄性联盟，共同去挑战那些占据着雌性资源的雄性动物。这种雄性联盟的建立通常基于雄性个体之间的亲缘关系，比如两头从小一起长大的雄狮，如果它们联合向一位老年的狮王挑战，极有可能得手。而在这种雄性联合体统治狮群的时候，雄性是共享生殖权的。

而一些雄性动物也会去偷偷勾引雌性，如在金丝猴群体中，就有雄性成功从别的雄性控制的雌猴群体中拐出配偶的案例。而在那些多雌多雄的群体中，如狼或某些灵长类动物，成年个体间是存在等级制度的，高级别的动物优先享有交配权。但地位较低的个体也不是完全没有机会，只要它们能够顺利躲开高级别个体的监视就行。

当然，方法还不止这些。对阿德利企鹅来说，干燥的小石块是重要的生存资源，能保护小企鹅孵化，但是由于繁殖时聚群的企鹅数量很多，筑巢地的石块往往不够用。于是，雄性个体之间就会冒着被攻击的风险互相偷窃石块。雌性则会躲开配偶，引诱未交配的雄性进行交配，以便将该雄性的石块拿走，而这个没有配偶的雄性也借此获得了一次产生后代的机会。

事实上，类似的婚外情在阿德利企鹅等单配制的动物中相当普遍。单配制是一雌一雄的动物在繁殖季节生活在一起，共同哺育后代

▶ ▶ 在石堆上孵卵的阿德利企鹅

的婚配方式。当然，在下一个繁殖季，它们仍可以另觅新欢。这种情况在超过90%的鸟类中存在，少数哺乳动物也是单配制。不过，在整个繁殖季，这种看似稳固的合作只是表面现象。在单配制的鸟类夫妻中，有30%的后代和雄鸟没有血缘关系。这说明雌鸟背地里是接受其他雄鸟的诱惑的。当然，有些已婚雄性也会拈花惹草，大山雀、大苇莺（*Acrocephalus arundinaceus*）、双色树燕、鳞头树莺等都是寻找"婚外恋"的好手。对雄性来说，婚外生殖可以将自己的基因尽可能扩散；而对雌鸟来说，则有机会使自己的后代具有更多的遗传多样性，这也是一种"不把蛋放在同一个篮子里"的做法。

有些雄鸟更过分一些，它们会偷偷寻找"二房"。比如一些雄性花斑鹟会首先赢取一个配偶的欢心，在配偶开始孵蛋以后便趁机开溜，再去另觅巢穴赢取第二只雌性的欢心。当"二房"产卵时，原配的卵开始孵化，雄鸟就会回到原配身边，它将多数精力用于照顾与原配的后代，对于"二房"只是顺路照顾。其结果是，原配的后代发育的情况要好得多，而"二房"的后代成活率低，也比同父异母的兄弟姐妹们要瘦小。这样看来，"二房"是受害的一方。但对雄性来说，它获得了更多后代，是一种生殖上的成功。

此外，雌性的妒火也是维持家庭和谐稳定的重要因素。比如在长臂猿家庭中，雌性之间的强烈排斥，对维持一夫一妻制贡献了相当大的作用。在单配制中，也确实存在终生单配制的动物，比如童话故事里的那种天鹅——疣鼻天鹅（*Cygnus olor*），每年的"离婚率"低于5%，确实算得上忠贞。但是这并不意味着它们要至死不渝。至于被渲染得如何忠贞的鸳鸯，不过是在繁殖期才配对而已，雄鸳鸯骨子里其实也是个"花心大萝卜"。

　　但是，同样有些可能是极度忠贞的例外，比如鹿鼠（*Peromysus polionotus*）。它们也是一雄一雌制，而根据对178个鹿鼠家族的DNA分析，人们发现家族中90%的幼鼠都是同一只雄鼠的后代，这表明雌鼠与其他雄鼠接触得很少。而且研究显示，大约13%的洞穴中，只有成年雌鼠，而缺乏雄鼠，有科学家认为这很可能是因为雄鼠死亡，雌鼠独守巢穴造成的。如果这一解释成真，鹿鼠在动物中可谓难得的忠贞楷模。

　　我们可以把思路再扩展一下，来看看一雄多雌和一雌多雄的情况。之前我们介绍的求偶场交配方式，严格来说，就是属于一雄多雌的模式，叫求偶场一雄多雌制（lek polygyny）。这种婚配制度，雄性既不占有配偶，也不占据资源，它们在传统的求偶场展示个人魅力，赢得雌性的青睐，最终和多个雌性交配。这种模式下，雌性握有选择权，交配后，雌

▶ ▶ 疣鼻天鹅一家

性单独抚养后代。在这种情况下，一些优秀的雄性可以和多个雌性交配，而一些劣势的雄性可能一次交配都无法完成。以锤头果蝠（*Hypsignathus monstrosus*）为例，6%的雄性可以占有80%的交配权。

总体来说，这个世界上大约有2%的鸟类和94%的兽类都是一雄多雌制的。除了求偶场，一雄多雌制中还有两种常见的形式。

一种是资源保卫型一雄多雌制（resource-defense polygyny）。它的核心就是保卫繁殖资源，比如领地。非洲黑斑羚（*Aepyceros melampus*）雄性争夺草场，拥有各自的领地，雌性则成群活动，当雌性达到雄性的领地时，雄性就可以与其中处于动情期的雌性交配。这就是铁打的营盘流水的兵，雄性黑斑羚要做的就是尽可能看好自己的"营盘"，坐等雌性上门。

▶ ▶   在繁殖季节，争斗的雄性黑斑羚

另一种则是看住雌性的、被称为雌性保卫型一雄多雌制（female/harem defense polygyny）的婚配方式。在这种婚配制度中，雄性直接占有多个配偶，往往和雌性群体一同生存，并且承担保卫的职责。很多灵长类采用了这一婚配策略，如吼猴。灵长类采用这一婚配制度，一方面是因为雌性群体一般较小，雄性便于控制，另一方面是因为，雌性的繁育期长，幼崽也需要保护。而占据雌性的雄性必须拼死护住自己的群体，一旦群体易主，新到的雄性要做的第一件事很可能就是杀死群体里的幼体，也就是上个雄性的后代。当然，这也是无奈之举，新雄性要在自己控制的这段时间内，尽可能早地让雌性怀孕，因为它随时都有可能被击败，而杀婴行为能让雌性尽早转入发情期。

相应地，一雌多雄制（polyandry）也是存在的。鸟类是一雌多雄制比例最高的，大约达到了0.4%。一雌多雄同样存在着不同的类型，比如同样有资源保卫型的，只不过这次控制领地的变成了雌性，由它们来坐等雄性上门。斑腹矶鹬（Actitis macularius）雌性的卵较小，生殖代价低，后代活下来的比例也小，而且孵卵由雄性负责，雌性会分配给它三枚卵孵化，然后就去找别的雄性了。

同样存在雄性保卫型一雌多雄制，就是一个雌性和一群雄性形成繁殖社群，也就是雌性拥有稳定的后宫。美洲驼和南美洲的几种走禽都是这个制度。当然，也存在着既不控制资源也不控制雄性的一雌多雄制。这种情况下，雌性之间互相干扰，限制对方与雄性交配，而使自己尽可能多地与雄性交配，如红颈瓣蹼鹬（Phalaropus lobatus）中就存在这种情况。

在一雌多雄制下，性选择发生了变化，通常雄性更漂亮的情况也

▶ ▶ 繁殖季节的红颈瓣蹼鹬，近处的为雌性，它脖子上的颜色更深、更鲜艳

发生了变化，那些雌性看起来会更加艳丽，而且一般由雄性孵卵。而这种制度的产生，有很大可能是因为雌性在每个窝里的产卵数量比较固定，比如一窝产4枚卵。如果雌性希望生育更多后代，那它就要再产一窝。这时候，可以自己孵一窝，配偶孵一窝，当有别的雄性加入的时候，雌性就可以从孵化中解放出来，一雌多雄制就在演化中出现了。

另一种类似一雌多雄的现象就是"精子储存"，这一现象在蛇类中非常普遍。雌性交配后可以用贮精腺保存精子并和多个雄性交配，然后排卵时再释放精子受精，这一策略有利于精子竞争，以增强后代的活力。类似的情况在果蝠中也存在。当然，如果考虑昆虫的话，这个数量将大大增加，位于社会性演化最顶峰的蚂蚁，多数情况下就属于一雌多雄的婚配类型。

一枚蛋的阴谋

事实上，在需要孵蛋的动物——鸟类的身上，还有更加复杂的繁殖情况。与哺乳动物在体内孕育胎儿相比，码放在巢穴中的蛋，存在一个巨大的安全漏洞——有被同类或者异类调包的可能。

已经有鸟类在这样做了，杜鹃鸟甚至已经作为经典案例被收录进了诸多教材和读物中。其中，大杜鹃（*Cuculus canorus*）是最著名的巢寄生鸟，它们能把蛋塞进至少125种鸟的巢穴内。

当然，要想完成这件事情，也是需要技术的。对于大杜鹃来讲，它们必须挑选合适的鸟类下手。首先，要想当卵的孵化器，被寄生巢穴里面的卵应该和杜鹃的卵差不多同时孵化出来，或者至少不能比杜鹃孵化出来得早，这样才能让大杜鹃的雏鸟在竞争中占据有利的位置——刚孵化出的大杜鹃眼睛还没有睁开，就已经具有把周围的物体用背挤出鸟巢的本能，它们会把养父母家的卵或者雏鸟挤出鸟巢，以便独占生存资源。

其次，杜鹃是晚成鸟，它们需要亲鸟衔来食物喂养一段时间才能独立活动，尽管它们长得很快，但少不了这样一个被照顾的阶段。如果把卵产在鸭、雁等早成鸟的窝里，人家一孵出来就跟

▶ ▶ 准备降落的大杜鹃，它看起来有点儿像一只小鹰

着亲鸟满地跑了，这边还张着嘴等着喂，那就尴尬了。

再次，寄生的雏鸟的食性要和大杜鹃雏鸟差不多。大杜鹃以吃虫为主，如果被养父母喂食其他食物，雏鸟很可能无法活到成年。

最后，当然要尽可能选择"好欺负"的鸟类去寄生。通常，在繁殖季节，勇猛的鸟类都有很强的领地意识，会驱赶其他鸟类，大杜鹃也会尽量不去触霉头。

这样算来算去，还是雀形目鸟最适合寄生，这类鸟个子不大，数量多，又是吃虫的晚熟鸟。所以，大杜鹃的寄主就主要集中在雀形目的鸟类了。大杜鹃通常会趁着亲鸟外出的空当去产卵，先移除掉一枚寄主的卵，再产下自己的卵。为此，体形较大的大杜鹃会产下一枚小小的卵，卵的大小和雀类的卵差不多。根据郑光美先生的观察，对于那些不好直接去产卵的小型球状巢，它们甚至会用嘴叼着卵放进去。

一旦杜鹃的雏鸟孵化出来，它就成为一个合格的"谋杀者"，它会用背顶着巢里的其他鸟蛋，把它们拱出巢穴，然后自己吃独食。雏鸟长得很快，在很短的时间内就能超过养父母，然后充满整个鸟窝。为了给它喂食，养父母甚至不得不站到它身上，或者伸着头把食物塞进它的大嘴巴里。

这时候，我们最困惑的问题大概就是，鸟的父母怎

▶ ▶ 正在给大杜鹃雏鸟喂食的苇莺，雏鸟与养父母的体形差距已经相当夸张了

么就这么愚蠢？这么明显的"别人家的孩子"都看不出来吗？

目前看来，很多鸟都不太善于区分鸟蛋，它们通常会把自己窝里的蛋就当成自己的蛋，把自己孵出来的雏鸟就当成自己的后代。虽然动物并不愚蠢，但多数动物还是无法与人的智力相提并论的。此外，在繁殖期，鸟类的育雏本能被激活，雏鸟的叫声和张开的嘴都是强烈的刺激，会使亲鸟处于高度的兴奋状态。简单说来，就是一种忍不住去喂食的冲动。有一个非常经典的报道，一只失去鸟巢的美洲红雀被观察到不断衔虫去喂鱼。

巢寄生并不是大杜鹃的专利，在整个杜鹃家族中，大约有40%的物种具有巢寄生现象。杜鹃的巢寄生行为可能发生了三次独立的演化：一次是发生在美洲的杜鹃中，一次发生在凤头鹃中，最后一次则发生在大杜鹃及与其亲缘关系较近的杜鹃中。

除了杜鹃，目前已经记录的会在其他鸟类巢中产卵的至少还有约17种响蜜䴕、20非洲维达雀类、5种美洲牛鹂和南美的黑头鸭等。这些鸟做的事情都和大杜鹃差不多，只是策略和细节上略有差别，比如大响蜜䴕（*Indicator indicator*）这种与其他动物合作捅蜂窝的非洲鸟类，其雏鸟出生后的行径与大杜鹃把养父母家的亲骨肉推出巢穴非常相似，雏鸟的喙带有尖锐的钩子，会直接将竞争者啄死。当行凶完成之后，雏鸟嘴上锋利的钩子就失去了价值，会随后脱落。

事实上，除种间巢寄生之外，还存在着种内巢寄生，就是偷偷把卵产到同类的巢中的行为。这类行为更加普遍，目前至少有超过250种鸟类存在种内巢寄生行为。相比种间巢寄生，种内巢寄生演化形成的门槛更低。红头潜鸭（*Aythya ferina*）和青头潜鸭（*Aythya baeri*）

等一些鸟类会同时采取两种繁殖策略，一方面，它们自己筑巢哺育后代；另一方面，在方便的时候也把卵产到别人的窝里。这两种潜鸭同时存在种内寄生和种间寄生，也就是说，它们既会把卵产在同族的窝里，也会把卵产在其他鸟类的窝里。红头潜鸭和青头潜鸭在我国的分布区域有重叠，它们也会互相把卵产在对方的窝里……这真是相当灵活和混乱的生殖策略。通常，从巢寄生的频率来看，群居性的鸟类要高于独居性的鸟类，早成的鸟类要高于晚成的鸟类，窝卵数多的鸟类要高于窝卵数少的鸟类。

▶ ▶ 雌（左）雄（右）两只红头潜鸭

巢寄生行为具有显而易见的好处——这些把卵产到别人窝里的鸟类能够把自己从哺育后代这种费力的事情中解放出来，然后在整个繁殖季节产下更多的卵，从而获得更多的后代。以大杜鹃为例，在整个繁殖季节，一只雌性可以产多达25枚卵，而这个数量是非寄生性杜鹃的4~5倍。

然而，从另一个角度来讲，这对被寄生的鸟类则不是什么好事情。它们不仅要失去自己的孩子，还要把别人家的"白眼狼"养大，这是多么悲哀的一件事情！特别是对那些晚成鸟类来说，这意味着它们投入更多的时间和营养来哺育寄生者的后代。

虽然巢寄生有好处，但也同样有风险。产下的卵完全有可能被巢主人识破，从而将卵丢出或啄破，甚至让主人弃巢。如果是这样的话，那就血本无归了。比如在日本，大苇莺对杜鹃卵的拒绝率就高达61.5%。

而那些不完全巢寄生的鸟类还要面临另一个风险——在外出寻找巢寄生的目标时，相应就增加了自己的离巢时间，这常常会导致自己的巢被同类其他个体所寄生。结果就是整个群体内，种内巢寄生的比例提高。

巢寄生的出现实际上推动了一场没有硝烟的军备竞赛——被寄生的物种逐渐进化出识别寄生者的能力，而寄生者则努力使自己看起来很像被寄生者。这种互相作用、互相推动的演化方式被称为协同演化。巢寄生就是研究协同演化的理想材料。

目前，双方对抗的主要焦点是卵的形态、颜色和花纹。如果某个杜鹃的物种或亚种出现专性寄生，也就是只寄生某一种鸟类，就必然会落入这样一个路线：进化出越来越相似的卵以对抗寄主日益精湛的识别能力，双方相互作用的时间越长，各自在相应方面的能力也就越强。以被大杜鹃祸害了很久的大苇莺为例，人工卵模型实验证实，它们能够将多数非拟态的卵识别出来，要么推到巢外，要么干脆弃巢重建，但当仿生卵与其自己的卵的外形和颜色一致时，它们只会推出其中的3%。大苇莺的卵表面也已经具有了非常特别并且难以模仿的花纹。而林岩鹨（*Prunella modularis*）则比较缺乏这种识别能力，这表示林岩鹨可能是巢寄生的一个新受害者，还没有来得及演化出应对策略。

这样的对抗并不只局限于卵的层面，随着"军备竞赛"的升级，会逐渐扩展到其他层面。大苇莺对杜鹃已经相当防范，它们能够认出杜鹃。一旦被发现，整个区域的大苇莺都会进入戒备状态，结果导致这里的大苇莺的拒卵率和弃巢率升高。澳大利亚的棕胸金鹃和霍氏金鹃的寄主鸟已经开始会辨认雏鸟了，而杜鹃的雏鸟在叫声和形象上也变得更像寄主雏鸟。这意味着它们之前已经有了很长时间的相互作用。

"城市"托儿所

在这一部分里，我们已经用了太多的鸟类作为例子来介绍动物以繁殖为目的的聚群行为，因为在所有的脊椎动物中，鸟类的求偶行为最多样，形式也达到了极致。我们索性把鸟类的故事进行到底，仍然以它们为例，来说明在繁殖地动物如何在群体中抚养后代。恰好，有一个类群相当合适——企鹅。

每当提起企鹅，我都会想起它的英文名字"penguin"。这背后有一个相当让人忧伤的故事：最初，"penguin"这个名字并不属于这些南极鸟类，而是指在北冰洋海域活动的另一种不会飞的海鸟——大海雀（*Pinguinus impennis*）。然而，16世纪，欧洲的水手们找到了大海雀的繁殖地，并且在短短两三百年的时间内，消灭了数以百万计的大海雀，导致了它们的灭绝。甚至，连它们最初的名字都被剥夺，给了在南极和它们有些相似的企鹅。而大海雀的灭绝，也只是人类发展历程中造成的物种灭绝的一个小小的缩影。

▶ ▶ 曾经的大海雀的复原图，它们已经灭绝

不过好在当人们把目光锁定在南极的时候，人类社会已经大为进步，终于没有把这些大水鸟全放进锅里煮、油里烹，让它们幸存至今。加上目前南极海域保护得比较到位，企鹅们的日子过得还不错。

在企鹅中，最有名的可能是帝企鹅了。曾有一部来自法国的大师级纪录片《帝企鹅日记》，详细记录了帝企鹅的生活日常，包括它们为了繁殖而聚集成群和哺育后代的场景。我非常建议读者有时间找来看看。至于本书，我准备稍做规避，换另一个和帝企鹅外形非常相似但又不太一样，并且在国内介绍得相对较少的物种——王企鹅（*Aptenodytes patagonicus*）。

通过名字，你大概可以猜到，王企鹅比帝企鹅要小一点儿，但王企鹅紧随帝企鹅之后，是体形第二大的企鹅。与帝企鹅常年驻守南极大陆不同，王企鹅活动在南极大陆的外围，也就是亚南极地区的岛屿上。事实上，在几十种企鹅里面，真正常年驻守南极大陆本土的只有帝企鹅。

目前，王企鹅共有两个亚种，指名亚种（*Aptenodytes patagonicus*

▶ ▶ 繁殖地的王企鹅，棕色的是雏鸟，有些已经开始脱毛，换上成鸟的羽毛

patagonicus）分布在大西洋南部岛屿及附近海域，麦夸里岛亚种
（*Aptenodytes patagonicus halli*）则分布在印度洋和太平洋的岛屿上及
附近海域。在这些岛屿上，王企鹅形成了规模庞大的繁殖巢穴，每个
繁殖巢穴可能包括几十个到50万个不等的繁殖对。企鹅密密麻麻地站
立在这样的巢穴中，"鸟头攒动"，每一平方米的土地都有企鹅保卫，
从高空俯瞰，还可以看到在成年企鹅的包围下的幼年企鹅"托儿所"。
有人形象地将大型的繁殖巢穴称为"企鹅都市"，实不为过。"企鹅都
市"像真正的人类城市一样，会有些许的热岛效应，让它们在寒冷的
冬季能够多上一丝温暖。

与帝企鹅一样，王企鹅也喜欢吃鱼。它们的主食是一类被称为灯
笼鱼的小鱼，这类小鱼是南半球海洋里最常见的鱼类之一，也是诸多

▶　▶　出海捕鱼的王企鹅

捕食者觊觎的目标。作为不会飞的水鸟，王企鹅练就了很强的游泳能力，一般速度大约为每秒钟2米，和人跑起来差不多一样快。它们最远可以游到距离巢区1 600~1 800千米的地方觅食，整个觅食旅程甚至超过5 000千米。当然，一旦小企鹅孵化，它们要及时回来养娃，不能再跑这么远了。

　　王企鹅在繁殖地聚集并交配。每次，王企鹅夫妇只会产一枚蛋，经过大约55天，这枚蛋才会孵化，相比其他鸟类20天左右的孵化时间，这真是一场漫长的等待。在这个过程中，企鹅父母轮流孵蛋，大约一两周换一次班。

　　历尽千辛万苦孵化出来的小企鹅浑身长着棕毛，看起来和父母一点儿也不像。事实上，我在很大程度上相信，相当多的鸟类对后代出生后是否像自己并不太介意，毕竟很多雏鸟和成鸟的差异看起来实在太大了。这也许也是巢寄生在鸟类中常见的一个重要原因。然而，对小企鹅来说，这个颜色太重要了。缺少自卫能力的它们可以借助这身土气的毛色，融入周围的环境中去，尽量减少暴露的风险。

小王企鹅孵化出来以后，首先要学会踩在父母的脚面上，尽管它们走路都还不利索，但是也要马上踩上去。因为只有这样，它们才能钻到父母的肚皮底下，那里既温暖又安全。

在繁殖地，一对王企鹅父母会留下一只照顾小企鹅，另一只就出海觅食了。王企鹅出海的时间在企鹅中是最长的，多数企鹅最长不超过三天，而它们是三天起步，通常要一周左右才能返回，还有的能拖两周甚至更久。

一旦归来，全家就算丰衣足食了——返回的王企鹅差不多要增重2千克，相当多的鱼都存在了胃里。相比其他动物的胃，王企鹅的胃里含有额外的抑菌物质，可以防止胃里的食物腐败变质，保质期可达三周。在这段时间内，王企鹅父母随时都能拿出鱼来喂食。

但是，随着小王企鹅逐渐长大，父母中只派一只出去觅食就不够了。这时候，"小棕棕"已经长成了"大棕棕"，有了自保的能力，它们会加入繁殖地的托儿所，和其他小伙伴

▶ ▶ 王企鹅和它棕色的宝宝

一起组成"棕色团子夏令营"。"夏令营"由少数成年企鹅带领。王企鹅父母则双双出海去打鱼了，然后陆续返回，在"夏令营"中找到自己的孩子，完成喂食。

这个过程里最让人着迷的事情莫过于，离家很久的父母是如何在密密麻麻的"企鹅海"中找到自己的孩子的？要知道，如果好不容易攒足了食物却喂错了娃，后果可是相当严重的。

其实同样的问题也出现在孵蛋的时候，归来的企鹅需要找到正在孵蛋的另一半，并与它换岗。与一些有固定巢穴位置的鸟类不同，这些孵蛋或育雏的王企鹅是在缓慢移动的，它们把蛋或者孵化不久的宝宝放在脚面上，然后就这样托着慢慢挪动。在这期间，王企鹅平均可以移动4.4米，如果按照比例换算，这差不多相当于一个成年人从一间比较大的电影放映厅的厅内移动到了厅外。考虑到繁殖巢穴"鸟头攒动"的盛况，找到挪了地方的配偶实在没那么容易。企鹅的解决办法是靠鸣叫，夫妻双方必须熟悉对方的声音，然后彼此通过声音来定位。不过，声音也不会传得太远，所以，返回的企鹅要能比较准确地找到原来分离的地点，然后发出鸣叫声。根据蒂埃里·兰格尼（Thierry Lengagne）等人的研究，每次鸣声可以覆盖大约500只企鹅，这种呼叫在短中距离内寻找配偶是有效的。或者说，配偶不能走太远，如果它们已经走到远得听不到了，也就不可能做出回应了。

这件事对于进入了"托儿所"的小王企鹅更是性命攸关。要知道，海鸟的繁殖巢是相当嘈杂的，雏鸟必须能从这些背景声音中准确识别出父母的呼唤，前去取食。然而父母并不常来，所以雏鸟会等得非常辛苦。一旦错过，面临的可能就是灾难了。皮埃尔·乔凡汀

（Pierre Jouventin）等人曾经对王企鹅专门用于呼唤的长声鸣叫进行过声学分析，他们录制了王企鹅父母的鸣声，然后对它们进行声学修改，测试雏鸟的反应，以确定雏鸟是如何识别这些声音的。

从声学记录上来看，这些鸣声非常复杂，包括了若干个音节，以及音节之间的一些低频的停顿。鸣声就像指纹一样，可以代表鸣声主人的身份。幼年王企鹅只会对父母的鸣声起反应，而忽视掉其他王企鹅的鸣声。根据不断播放各种被篡改的声音测试，我们得知幼年王企鹅主要识别鸣声的头半个音节（大概0.23秒长），以及头三个泛音（harmonics），然后做出判断，是否父母已经归来。

漫长的等待，努力"竖起耳朵"倾听，这样的日子，要一直持续到"大棕棕"蜕下毛，变成一只帅气的成年企鹅，并学会游泳为止。从蛋到哺育期结束大约要花13个月。而等年轻的王企鹅有资格当父母了，它们已经3岁了。

▶ ▶ 牛羚迁徙

漫长的旅行

迁飞的虫

我猜你一定不会喜欢漫天的蝗虫掠过头顶的景象。但是,这样的场景仍然会不时发生在这个星球的某个地方。在上学的时候,我曾以为要经历一次了。遗憾以及幸运的是,这事并没有发生。

那是 2002 年,我还在河北大学的生命科学学院读书,因为干旱的原因,华北地区出现了大量蝗虫,弄不好就会变成蝗灾。在古时,蝗灾是与水灾、旱灾并列的三大自然灾害之一。蝗灾总是紧跟旱灾,因为蝗虫在旱地产卵过冬,气候干旱的时候它们的成活率更高。铺天盖地的蝗虫大量啃食植被,造成粮食绝产、饿殍遍野,不知诱发了多少场农民起义,促成了多少皇权更迭。而"蝗"字所取的正是"虫王"之意,可见古人对它极其敬畏。

▶ ▶ 聚集的飞蝗

在我国，蝗灾的发生形势往往是比较严峻的。除了控制本土发生的蝗虫以外，还要严防周围国家的蝗虫向我国迁飞。除了内蒙古草原地区的蝗灾是以小车蝗（*Oedaleus decorus asiaticus*）为主外，我国现代和古籍中的蝗灾大部分是由飞蝗（*Locusta migratoria*）造成的。飞蝗是世界性的害虫，也是蝗虫中危害最大的。

蝗虫是不完全变态发育的昆虫，要经过卵、若虫和成虫三个阶段，在若虫期还要经过若干次蜕皮以后才能变为成虫。一旦变成了成虫，蝗虫就有了翅膀，可以飞行了，它们的运动能力会大大加强。飞蝗的飞行能力尤其强。如果食物资源有限，而飞蝗数量又很多，它们就可能会聚群，朝着某个方向进行觅食性的迁徙。

关于蝗虫起飞的模式，科学家有过一些推测。一般认为，当蝗虫成年后，如果周围蝗虫密度很大，彼此之间的触碰会使它们改变习性，变得聚群。蝗虫群会越聚越大，密度也随之变大，它们会在彼此触碰中调整头的朝向，这个过程中没有指挥者，全部自发完成。随后，群体变得越来越躁动，它们会起飞并开始迁徙，吃光一处的食物之后，再继续迁徙。在这个过程中，不断会有新的蝗虫加入它们，蝗虫的群体会越来越大。

一旦飞蝗成虫成群起飞，到处取食，后果不堪设想。据估计，一个数量多达400亿只蝗虫的高密度迁飞群体，一天可以吃掉8万吨食物，相当于40万人一年的口粮。蝗虫走走停停，可以持续迁飞，几百千米都不在话下，有些甚至能够迁飞数千千米。以国外研究得比较透彻的非洲飞蝗为例，这些家伙可以从北非一直迁飞到印度……

2002年，飞蝗的若虫密度比平时高了很多。根据媒体的报道，在天津的一些高密度区，一平方米已经有高达4 000~6 000只若虫。当时的气氛有点儿紧张——如果包括天津在内的华北地区的飞蝗若虫完成最后一次蜕皮并且起飞，我大概就能在校园里看到满天的蝗虫了。然而，我最终幸运地没有看到这样的景象。伴随着满载着农药的"运–5"飞机的起起落落，灭蝗工作终于赶在飞蝗起飞之前基本完成了。我虽然不喜欢喷洒农药这样简单、粗暴的杀虫手段，但是必须承认，在关键时刻，它确实有效。

相比蝗虫这样以觅食为目的、在低空进行迁徙的声势浩大的群体，那些在高空中的迁徙就不那么引人注目了。差不多是同时，我在学校图书馆的藏书区里，找到了另一种昆虫迁徙的线索，它就是大名鼎鼎的七星瓢虫（*Coccinella septempunctata*）。

从小，我们就被反复告知，七星瓢虫吃蚜虫，是益虫，所以我们

▶ ▶ 聚集的七星瓢虫

要保护它们。我并不喜欢以人类的好恶去判断一个物种的价值,因为对生态系统来讲,任何一个物种的存在都是它们和自然环境相互作用的结果,每一个都参与着整个生物圈的构建。但是,这些益虫可能确实更需要关注和保护。它们其实更容易农药中毒——不管是被直接喷药,抑或是吃下被喷药的昆虫,它们都会遇害,而它们的恢复能力却比害虫差了一大截,所以结果反而是这些益虫更容易走上末路。通常的情况是,几年的农药作用下来,害虫仍然年年有,但益虫已经彻底绝迹了,以至于以后每年都不得不继续喷洒农药,生态平衡几近崩塌,只能依靠农药维持田地。至于七星瓢虫,它们可能是这个世界上最好辨识的瓢虫了,红色的甲壳上面有七颗黑色的小点,左右各三颗,中间一颗。

具体在哪本书中看到了瓢虫迁飞的事情,我已经不记得了。只记得图书的彩页里绘制着一片海岸,在沙滩上、礁石上,密密麻麻爬满了七星瓢虫。那张图给了我很深的印象。

后来我才知道,老一辈的生物学家在七星瓢虫的迁飞的研究上花了很大的力气,才基本弄清了我国七星瓢虫迁徙的规律,这些生物学家光我知道的就有尚玉昌、蔡晓明和闫浚杰等老先生。根据他们的研究数据,1976年初夏,七星瓢虫曾在秦皇岛海滩大量聚群,8 000多平方米的区域内就超过了600万只,覆盖了局部海滩。我无从知晓当年看到的那幅图是否就是这样的场景,但想想都觉得挺震撼的。

之后,前辈们连续进行了几年的调查,结果发现,在五六月份,总有某几天会突然出现一批七星瓢虫,然后又销声匿迹。根据对当地七星瓢虫生长规律的分析,他们认为这么大量的瓢虫应该来自外地,在短暂停留后又起飞离开了。他们认为，在这个季节里，南风和西南风为瓢虫由南向北迁飞创造了条件。而根据气象条件分析，很可能是正在迁飞的七星瓢虫在高空遇到了冷空气，于是在低温和降雨的环境下，迫降在了这一带，天气转好后，又起飞离开了。

之后，他们跟进观察发现，基本在每年6月初，七星瓢虫都会抵达环渤海一带的地区。再后来，根据跟踪记录和雷达探测等手段，证实了七星瓢虫确实在迁飞。它们的迁飞高度大约在1 500米左右，要飞越我国北方的广大地区和渤海，前往内蒙古、东北或西伯利亚等地区。在迁飞的过程中，会有大量瓢虫死亡，但这并不影响种群的繁衍。因为此时，七星瓢虫的数量达到了全年的最高峰，死掉一些也不会有多大影响。事实上，在高空之上，借着气流迁飞的昆虫很多，只不过它们没有鸟儿那么显眼，我们平时少有关注罢了。

洄游的鱼

很早以前人们就发现，一些鱼类会像候鸟一样聚集成群，因为季节的不同而向不同的方向迁徙。它们的这种行为被称为洄游。以红鲑（Oncorhynchus nerka）为例，这种分布在北太平洋近海的鱼类也被称为红大麻哈鱼，是最典型、最著名的洄游鱼类之一。

红鲑的生命是从一枚卵开始的，这种卵也许你见过——在那些颗粒饱满又美味的鱼子酱中，有很多就是用红鲑的卵制成的。如果它们有幸没有变成鱼子酱，并且在水底幸存到完成孵化，每一枚卵都会变成一条小鱼。小红鲑很小，不过好在它们此时还有一大块卵黄没有吸收，那些卵黄会帮它们长得大一点儿，然后，小红鲑就会捕食比它更小的浮游生物。随后，红鲑大约会在淡水中生活两三年，再开始顺流而下，直奔大海。这被称为降河洄游。

你可以把这件事和鸟类的迁徙对应起来，只不过鱼在水里，鸟在天上。在大海中，小红鲑会捕捉更大一点儿的食物，去更深的水域，然后继续生长，直到它们看起来已经变成了大鱼。在这个过程中，红鲑都不红，它们是灰色的，看起来非常普通。

大约在海洋再生活1~3年，就到了成年鱼回到出生的地方去产卵的时候了。这时候，它们的身体形态会发生变化，特别是它们的颜色会变得鲜艳，仿佛披上了出征的红袍。

▶ ▶ 美国帕克森阿拉斯加的雄性红鲑

它们现在要溯河而上，到淡水河流上游的冷水区交配并产卵。通常，鲑类溯河洄游发生在每年的4—6月，直到7—8月结束，这段时间对很多动物而言非常重要。由于大量鲑鱼聚集于河口，然后进入河流，包括棕熊在内的诸多动物因此获得了丰富的食物，也借此来积攒了过冬的营养。

▶　▶　在阿拉斯加西南部的保护区里，棕熊吃着捕捉到的红鲑

与掠食者的狂欢形成鲜明对比的是，对鲑鱼来讲，洄游是异常艰辛的。红鲑逆流而上，有可能要以每秒1.6倍体长的速度游上2 000千米。长距离的跋涉会消耗它们85%~95%的脂肪和60%的肌蛋白！多数鲑鱼会首先动用储存在内脏和肌肉的脂肪，随着时间的推移，脂肪大量消耗，它们开始分解体内的肌肉，由蛋白质供应能量。先被消耗的是身体前部的肌肉，然后逐步向后消耗，由于尾部是重要的推进结构，这里的肌肉将被最后消耗。一旦消耗无法满足能量需求，就会导致洄游失败，鱼类死亡。而过度的消耗也为鲑鱼在繁殖后的大量死亡埋下了伏笔。

像红鲑这样，为了前往产卵地而进行的洄游被称为生殖洄游。生殖洄游可以像红鲑、中华鲟和东方鲀等那样由海到河，也可以像鳗鲡和松江鲈鱼等由河入海，还可以如四大家鱼和青海湖裸鲤一样在江河

▶ ▶ 初夏时节，雌性红鲑在阿拉斯加的溪流中挖掘它的产卵床

湖中进行，也可以如小黄鱼和带鱼那样在不同的海域间进行。

生殖洄游的主要目的是为了给后代选择一个适合孵化和成长的环境。通常，敌害相对较少、食物丰富且氧气充分的江河或靠近海岸的浅海是首选，因此，很多平时散居于深海的鱼类也会在繁殖季节来到浅海。但是，也有反其道而行之的。比如一些比目鱼类，它们会从沿岸前往深海区，那里由于没有陆地淡水的注入，水体盐分较高，密度较大，鱼卵可以浮出水面，从而获得所需的温度和氧气。

鱼类在生殖洄游前需要进行充分的准备，由于多数鱼类在生殖洄游中不再进食，充足的营养储备至关重要，只有达到一定体形的个体才会启动洄游，否则它们是不会参与洄游的。对毛鳞鱼（*Mallotus villosus*）的研究显示，较大的个体通常会先到达繁殖地，而较小的个体后到达，这表明鱼类的游泳能力与体质是正相关的。而毫无疑问，在有限的时间内，先到达繁殖地的个体更有可能成功繁殖。

如果说生殖洄游是生存与意志的竞赛，以觅食为目的的索饵洄游就要舒适多了，它有时会没有生殖洄游那样有规律，洄游的范围和时间往往会随着食物的丰富度和饵料的分布而发生变化。在我国黑龙江地区的狗鲑（*Oncorhynchus keta*）幼鱼会前往日本海觅食育肥，这也

被称为育成洄游。而那些产卵之后侥幸未死的成鱼也会前往觅食地，补充消耗的营养，如里海的星鲟（*Abramis stellatus*）就能从库尔河的产卵地回到里海觅食。

将产卵地与觅食地分开是一种很好的进化策略，它完美地解决了生存与食物的矛盾：如果鱼类停留在河流中，势必会造成食物的紧张，而雌鱼要为卵子的发育准备充分的营养，就更需要充足的食物了。单就食物资源而言，河流远远无法与海洋相提并论，能在海洋中成长以及产卵后返回海洋觅食，确实是最佳的选择。而一些雄鱼则采用了取巧的手段，当鲃和鲑鱼的雌鱼返回海洋时，一些雄鱼则仍然滞留在了河流中。

但是，索饵洄游也不限于这种长时间、长距离的活动，还有一些短时间的垂直洄游，如深海的蛙鱼就是如此。它们在白天待在1 500米的深水区蛰伏，晚上则前往水深不足600米的地方掠食，那里的食物资源更加丰富。带鱼和剑鱼与之类似，也都有垂直洄游的习性。

此外，鱼类的洄游也与水温有关。由于鱼是变温动物，水温过高或者过低都会影响鱼类正常的生理功能，为了追求适宜的水温，一些鱼类会进行季节性洄游。这样洄游的通常是一些暖水性的鱼类。它们会随着水温的降低而游向低纬度，进行越冬洄游，而来年则又会随着水温的升高和暖流的增强，向高纬度洄游。

通常，越冬洄游、生殖洄游和索饵洄游会有所交叉、重叠，如剑鱼在越冬洄游时会伴随产卵活动。而不同的洄游方式也常常会结合在一起，贯穿在鱼的一生当中。以我国东海和黄渤海带鱼南北两个群体的洄游路线为例，根据徐兆礼等人的研究，其中南方群体1—2月在东海北部近海和中部越冬，分成两个越冬场；3—6月形成生殖洄游，最终两个越冬场的带鱼汇合；7—9月，产卵后的带鱼和幼鱼群体继续北上到达黄海索饵洄游；10—11月，随着北方变冷，索饵的鱼群开始向南洄游；11—12月，到达浙江中部的近海，之后鱼群分开，进入不同的越冬场。而北部鱼群则主要在渤海和黄海海域进行洄游。对于这些带鱼来说，洄游即是它们的生活方式。

迁徙的鸟

当我住在小院里的时候，有一年的春季，天气已然转暖，我在院子里转悠。偶然间，我听到头顶传来了鸟鸣。我抬起头，看到有一小群鹤从房子后面的方向飞掠而来，一边飞行一边鸣叫。它们的数量不多，只有几只。我目送它们飞过我的头顶，然后飞向远方。请原谅我当时年少无知，并不能认得是哪种鹤，不过鹤类是总不会认错的。

我知道，它们是在从南向北迁徙，秋季它们会返回南方，并且在第二年再次回到北方，也许还会路过这里。于是，我便期待着我们的再次相遇。第二年，也差不多是同一个时候，我恰巧参加一场考试，考点离我家不算太远。在考场里，我听到了它们的鸣叫，那声音，我不会忘记。我知道，它们正在飞掠我的上空。我相信，一定就是那群鹤。

然而，这竟是我们最后一次相遇。从那以后，20多年过去了，我虽然一直念念不忘，但再未看到或者听到它们飞掠我头上的天空。我有时在想，它们是不是改道了，不再经过这里？这是我最希望的结果。然而我还是会控制不住地想，这一小群鹤是不是已经遭了毒手？要知道，在河北、天津一带，包括其他很多地方，盗猎候鸟的行为猖獗到令人发指，一些人为了眼前的利益，甚至可能只是蝇头小利，正做着龌龊的勾当。根据北青网2018年4月5日的报道，仅河北唐山打掉的一个捕猎贩卖团伙已经查证属实的涉案国家保护鸟类，总数量就接近8万只！根据《北京晚报》2018年12月的报道，在河北沧州，一只白枕鹤（*Grus vipio*）被盗猎者砍掉并遗弃了一只脚，只因在这只脚上装着动物研究者安装的追踪定位装置。当然，也正是因为这个装置，这起事件才浮出水面。这让我不禁想起了曾飞过我头顶的那群鹤，它们是白枕鹤吗？我不知道。但我知道，它们的迁徙之旅不仅艰苦，而且十分危险。

事实上，在所有的动物中，鸟类的迁徙是被研究得最多的。就像那只白枕鹤一样，科学家通过给鸟类加上环志和无线电追踪器，甚至通过卫星定位来研究它们的迁徙。目前已知的迁徙鸟类占到了鸟类物种量的1/3。每年秋季，有187种约50亿只陆生鸟类离开亚洲和欧洲前往非洲，大约200种几乎同等数量的鸟类离开北美前往中美和南美；春季，它们又会向北返回。同样，数以百万计的猛禽和水鸟也进行着迁徙。一些鸟类的迁

▶ ▶ 日本鹿儿岛的白枕鹤

▶　▶　北极燕鸥群

▶　▶　在繁殖地，北极燕鸥和雏鸟

徙距离会很长，如北极燕鸥（*Sterna paradisaea*）几乎是往返于南北两极，单程就要约两万千米，它们还要这样往返飞行二三十年。当然，这么长距离的迁徙要想按时到达，得飞快点儿……

关于鸟类长距离迁徙的原因众说纷纭，这是一个仍待解开的谜团。有人认为，鸟类的迁徙与第四纪冰川有关。这个假说认为，北方地区的一些鸟类本来全年生活在那里，但是由于冰期冰川的扩张，它们不得不向南迁徙，当气温较温和时，它们则重返北方繁殖，最终演化出了这样的迁徙路线。也有观点认为，这种路线的形成与大陆板块漂移有关，由于板块的分离，动物的迁徙路线被逐渐拉长。确实，我们能够从鸟类的迁徙路线上看到其中的保守性，这里应该存在着某些历史原因。例如穗鹏（*Oenanthe oenanthe*）夏季生活在北极地区，每年都要穿越大西洋抵达非洲越冬，尽管其实在亚洲越冬更经济。在今天，这些保守的路线正面临着栖息地的破坏和盗猎者等的威胁，使得一些鸟类的数量急剧下降。

但是，这些带有历史原因的迁徙之路能够保留下来，也说明了迁徙的鸟儿能从中获益。其中一个非常重要的原因就是短时充足的食物资源，以及天敌威胁的降低。以北极地区为例，严酷的冬季限制了留守动物的规模，包括鸟类天敌的数量，这使得雏鸟被捕杀的概率下降。而夏日的气候非常适合草木生长、昆虫繁殖，它们为鸟类提供了足够的食物；由于光照时间较长，鸟类有充分的时间活动，有利于育雏。因此，这里是一个上佳的繁殖地。而随着秋季的到来，环境变得严酷，而这时候的雏鸟也已经长大，能够回迁到南方，并接受自然的洗礼。

鸟类除了具有南北方向和东西方向的水平迁移以外，生活在山地的鸟类还存在垂直迁移的方式。与鸟类的南北迁徙对应，垂直迁徙通常是春季向高海拔地区迁移进行繁殖，冬季则向低海拔迁移。分布在美洲的山鹑（*Oreortyx pictus*）的迁移方式十分有趣，它们在迁移的时候是10~30只个体像登山队一样排成一个纵列，步行上下山。当然，也存在相反的情况，如蓝松鸡（*Dendragapus obscurus*），它们在冬季前往海拔较高的地方繁殖，这种反向迁徙很可能是受食物资源变化或者捕食者的影响造成的。

▶ ▶ 草丛中的雌蓝松鸡

由于鸟群会在繁殖季节后踏上归程，为了赶上当年的迁徙，雏鸟必须尽快成长，变得强壮并学会飞行，还要储存足够的脂肪用以迁徙。通常，1克脂肪大约能够维持100克的鸟儿迁徙54千米——如果一只鸟体重100克，体内约有30克脂肪，就足以支持它飞过撒哈拉沙漠。当然，前提条件是，它要拥有娴熟的飞行技术，不会过度消耗这些能量——每年都有不少鸟类由于体内储存的营养物质不够，在飞行途中又无法随时获取食物，结果无法完成迁徙。根据对4种刺嘴莺（*Acanthizinae*）的研究显示，它们在飞越撒哈拉沙漠以后，体重分别降低了34%~44%。

　　身体发育加营养储存，无疑给雏鸟带来很大的压力，逼迫它们快快生长，而迁徙路线较长的鸟类往往到达繁殖地较晚，但一般却离开得较早，这就更加重了雏鸟的生存压力。不过通常，雏鸟仍然会在群体踏上归程之前变得成熟，可以随着大部队返航。除了一同离开外，很多鸟类的雏鸟和成鸟并不同时行动。如雨燕通常是雏鸟先开始迁徙，白鹡鸰也是如此，后者的成鸟要等换羽后才开始迁徙。而杜鹃则是成鸟先飞，雏鸟还要在养父母那里再蹭吃蹭喝一段时间。

一旦迁徙的时间节点出现，候鸟就会表现出"迁徙兴奋"，这是刻在它们基因里的本能反应，即使被关在笼中，它们仍然会躁动不已。毫无疑问，因为缺乏生存和迁徙的经验，雏鸟的初次迁徙充满了风险，稍有不慎就有可能在这一全新的探险活动中丧命。即使如此，它们仍然义无反顾地投身其中。

相比那些迁徙的鸟类，还有一些鸟类始终生活在一个地方，它们被称为留鸟。同一种鸟的不同种群，有时候也会表现出差异，如狐色带鹀（*Passerella iliaca*）的阿拉斯加种群在美国加利福尼亚州的北部越冬，哥伦比亚北部的一些种群则前往俄勒冈州越冬，而华盛顿北部和哥伦比亚南岸等地的狐色带鹀则完全表现出了留鸟的样子。白鹡鸰在我国也是类似的情况，它们是中北部广大地区的夏候鸟，但同时也是华南地区的留鸟。良好的环境以及充足的食物资源也许会促使留鸟的形成。

但是，我们也要注意到，有大量留鸟生活的温带季节变化其实较明显，一些地区的生存资源同样会产生周期性波动。对于这些留鸟，它们虽然没有了迁徙的劳累与风险，却不得不面对诸如冬季等严酷环境的考验，并且发展出相应的适应性，比如储存过冬的食物。加州星鸦（*Nucifraga columbiana*）几乎将其发展到了极致——它们奉行"不

▶ ▶ 美国黄石国家公园的加州星鸦

把鸡蛋放到同一个篮子"的原则，每个埋藏点会储藏10来枚松子，它们会储存数万枚种子，可以记住多达3 000个埋藏点的准确位置。加州星鸦通常要通过记忆地标（如一棵树）来记住数千个储藏点的位置，这不仅意味着它们拥有强大的记忆力，同时表明它们比你我要勤快得多。

东非的大迁徙

对哺乳动物来讲，同样存在着迁徙现象。其中最著名的恐怕就是东非动物大迁徙了。这场浩浩荡荡的大型活动发生在东非的塞伦盖蒂，这里是非洲生态的代表区域之一。这个地域主要分布在坦桑尼亚北部，并且向南延伸至肯尼亚，在肯尼亚的部分又被称为马赛马拉（Maasai Mara）。草原是塞伦盖蒂主要的生态类型，这里有70种大型哺乳动物和500种鸟类，除此之外，牛羚、瞪羚、斑马和非洲水牛等都是很常见的食草动物。在雨季，仅在坦桑尼亚境内，就有超过100万匹牛羚及数十万匹斑马和瞪羚。

塞伦盖蒂的热带草原气候源自较高的海拔，由于常年受赤道低压带和信风的交替控制，这里出现了雨季和旱季两个极端，而旱季对树木来说是相当致命的。在旱季，树木无法获得足够的水分，且干燥的

高草很容易发生火灾，蔓延的火势很容易将树木烧死。但火灾对能够
快速恢复的草本植物来说，却算不上大事，只是阻止了森林的形成。
同时，大型植食性动物对草原有管理功能。我们知道，塞伦盖蒂也有
零星的树林存在，所以也被称为稀树草原，意思就是在茂密的草丛中
零星地分布着树木。这些树木为动物们提供食物，也提供了良好的隐
蔽场所，比如豹子会把猎物挂到树上去。不过，草原上的食草动物很
少依靠树木躲避天敌，毕竟多数草原动物的长处是奔跑，而树并不是
一个发挥这种长处的好地方。不过，这并不妨碍它们吃树叶和树枝。
由于强大的消化能力，反刍动物的食谱更杂，能够消化坚硬的树皮和
树枝。当然，有嫩叶更好。长颈鹿更是取食树叶的代表，相比吃低矮
的草本，对它们而言，吃高处的叶子更省力。而非洲草原象和黑犀等
动物会采用更暴力的方法来获得食物——它们会直接将树木推倒，同
时会取食树苗。这些行为无疑阻止了树木的扩张。

目前有相当多证据表明，大型草原动物的存在可以抑制森林的扩
张，曾经在西伯利亚发生的事情就是很好的例子。

大约10万年前，自我们的祖先开始走出非洲以来，他们在猎杀大
型动物方面就表现出了卓越的天赋，并且被认为是从欧洲到美洲一系
列大型哺乳动物灭绝事件的重要推手。数千年前猛犸象的灭绝，可能
也是如此。这打破了生态系统的微妙平衡。

大约一两万年前，那时的西伯利亚不像今天那样长满了苔藓和地
衣，而是到处都是茂盛的草丛，以及巨型动物。这些巨型动物生活在
当时世界上最大的生物群落中，它们不断地踩踏和翻腾大地的表层，
它们掀开泥土，让冻土暴露在更寒冷的空气中，保持着长期冰冷的状

态。然而，随着这些动物的消亡，草地开始不断退化，逐渐消失，取而代之的是地衣和苔藓，森林向草地侵蚀，冻土开始升温。为了验证这一现象，在西伯利亚一个160平方千米的保护区内，谢尔盖·齐莫夫（Sergey Zimov）进行了他的实验。他用拖拉机、打桩机和推土机，甚至是收购来的"二战"时期的坦克，来模拟巨型动物的行为造成的结果。他在雪地里凿洞，敲碎树木，翻起地衣和苔藓，用坦克的重压模拟动物的踩踏效果。他成功地将这片区域的平均气温降低了9摄氏度，充分证明了巨型动物的存在能够维持冻土地带的稳定。这也是为什么一些科学家热衷于通过生物工程手段复活猛犸象的重要原因——它们的存在可以帮助我们应对威胁着我们的冻土解冻的问题，后者将有可能释放出比焚烧掉地球上全部森林还要高出三倍的温室气体！这将形成恶性循环，不可逆转地推动全球持续变暖，从而深刻地改变全球气候。

▶ ▶ 猛犸象的复原图，也许当时的环境并非高大的乔木森林

让我们回过头来，继续看塞伦盖蒂的其他植食性动物。在这场大迁徙中，有三个主力物种，它们是斑马、牛羚和瞪羚。在生态学上有一个共识，那就是在一个地方，如果一个生态位存在两个相似的物种——两者大小相仿、行为类似且食谱高度重叠，通常会产生非常激烈的竞争，最终的结局就是，其中一个物种把另一个物种完全排除出生态系统。因此，如果有两种食草动物在同一个区域混合生存，它们通常会占据着不同的生态位。塞伦盖蒂的这三种动物正是这样，虽然它们都只吃草。

以斑马来说，这种以雄性为首领的群体性动物，虽然取食各种植物组织，但是它们更偏爱高草的上部，包括高大的干草。而牛羚则与之相反，更偏好取食草的下部和地上的嫩草。也就是说，斑马吃过的地方，牛羚还可以再吃一遍。这两个家伙组合起来，堪称高效的割草机。然而，这样被"割"过的草场，瞪羚还可以再吃一遍——它们会啃食刚刚重新长出的嫩草。这样想来，草原上的草也是很"悲催"的。不过，好在草原上食草当家之间的冲突缓和了不少。这种习惯的不同也与食草动物的体形和体态有关，更是它们在长期自然选择过程中，互相磨合找到了各自的生态位的结果。

也正是因为这样的原因，它们可以组成混合的迁徙群，有先后顺序地进行迁徙。

同时，塞伦盖蒂的草原很大，它的旱季和雨季的到来是逐渐的、有先后顺序的，这才给了动物迁徙的机会。这些以牛羚为主力的食草动物为了追逐肥美的水草，躲避干旱的威胁，做着周期性的迁徙。它们的路线是顺时针的，几乎围绕整个塞伦盖蒂和马赛马拉，当然，整

▶ ▶   在塞伦盖蒂，穿越河流的牛羚队伍

场迁徙也是那些食肉动物眼中的盛宴。其中，以7—10月向南前往马赛马拉的迁徙最为著名，也被称为陆地哺乳动物迁徙的奇观——超过150万匹牛羚、25万匹斑马和45万头瞪羚组成的大群体会穿过惊险的马拉河，进入马赛马拉草原。

　　整个迁徙队伍，按照这三种动物的取食方式，前后分成了三个梯队。第一梯队，也就是前军，是斑马队伍，因为它们得在前面把高草和干草吃掉；第二梯队的牛羚是中军，负责啃食下面的部分；而第三梯队殿后的是瞪羚，它们会吃剩下的部分和刚刚长出的新草。不过，

由于马赛马拉的面积很小，只有塞伦盖蒂的大约1/10，所以尽管雨季植物生长得非常迅速，但供养迁徙来的食草动物还是非常吃力的。因此，当11月塞伦盖蒂旱季即将结束时，动物群体又将返回塞伦盖蒂，周而复始。

而草原上那些没有像牛羚群体这样做大范围的迁徙的食草动物，由于旱季资源的匮乏，也必须进行小范围的移动以寻找水源和食物。比如非洲象，年长的族长记着每一处水源的位置，它将带领族群度过最艰难的日子。

▶　▶　在迁徙过程中，奋力攀登河岸的牛羚群

前往目的地

对迁徙的动物来说，方向是个很大的问题。特别是长途迁徙的动物，如候鸟，它们往往要跨过数千千米。所谓"失之毫厘，谬以千里"，一旦偏离方向，后果不堪设想。因此，对它们来说，导航与定位相当重要。

目前，我们已经知道，动物会利用不同的方法来对自身进行导航和定位，而且通常不会只使用单一的手段，而是各种方法加到一起，进行综合导航和定位。毫无疑问，关键性的地标至关重要，整个旅程会被这些地标分成若干个小阶段，也就是从一个地标前往另一个地标。但关键的问题就在于没有地标的中途，如何掌握好方向，从一个地标前往另一个地标。导航的关键就在于此。除了观察景物，还必须有一些大尺度上的宏观手段。

就像航海家白天观察太阳，晚上观察月亮与星斗一样，天体对于动物的迁徙来讲是很重要的参考。根据雷达显示，连迁飞的澳洲疫蝗（*Chortoicetes terminifera*）都能根据月亮寻找方向。不过，这里有一个很大的问题。日月在天空中都是运动的，有东升西落，它们并不是固定在天空的某一个方向。那么，动物又如何利用变化的天体位置来确定方向呢？

其中的机制首先在太阳定向上被发现，类似的原理也可能被应用到其他天体定向上。其关键就是生物体内的生物钟，它是一个小小的脑部结构，但是却是生物体内的计时器。研究人员发现，紫翅椋鸟（*Sturnus vulgaris*）能以每小时15度的角度进行位置修正。以正午

12点为例，此时太阳正处于正南方，是一天中阳光最强、太阳高度最高的时候，天文上称为"中天"。人们用"如日中天"来形容某人的状态极好或势力极大，就是这个原因。之后，每过一个小时太阳就往西偏一点儿，这个角度正好是15度。如果是下午一点，鸟儿对着太阳飞，左边15度就是正南方；如果是背对太阳飞，就是右边15度；如果是下午两点，就是30度。我们也可以在野外使用这样的方法。当然，你需要一块手表辅助，除了计时外，表盘每个大格之间也是30度。这种利用时间对太阳方位进行补偿（调整）的定向，在鸟类中普遍存在。

不止大脑较为发达的高等动物有补偿定向的能力，即使脑子如颗粒一般大小的昆虫也有类似的补偿定向。其代表就是蜜蜂，这类昆虫著名的"8"字舞和"o"字舞就和太阳的位置有关。当蜜蜂发现蜜源时，会回巢通知同伴蜜源的方向，它们在巢内会先爬一个半圆，之后做直线运动：如果头朝上走直线，说明蜜源与太阳方向一致；如果头朝下，就说明与太阳方向相反。这条直线还会和垂直方向形成一个夹角，代表和太阳方向的夹角。在"跳舞"的时候，侦查蜂已经结合时间对太阳的方位做出修正。在阴天，动物还能根据透射下来的偏振光来推定太阳的位置，从而完成定向。

除此之外，也少不了夜晚的星空和银河。但是，能

▶　▶　紫翅椋鸟是种非常漂亮的小鸟

看星星的动物不多。除了人，只有鸟类和海豹可能认识某些星星，如几种莺（*Sylvia*）和蓝鹀（*Passerina cyanea*）能够根据星辰甚至星座定向。不过这里有一种动物倒是值得一提，那就是蜣螂（*Scarabaeus satyrus*），它们不仅认识日月，而且可以利用银河导航。达克（Dacke）等人设置了一个实验来研究蜣螂的夜间导航方式，他们用布将实验场景中所有可能作为指示的痕迹都蒙了起来，只露出夜空。他们发现，在满月下，蜣螂能在20秒左右推球走出试验场；而在没有月亮的晴朗夜晚，蜣螂的耗时略有增加，但不明显，大约用时25~55秒；当星空被遮蔽后，蜣螂所花的时间明显增长，达到了约90~155秒。看来，除了月亮外，在晴朗的星空，蜣螂应该还能利用别的天体导航。是北斗星吗？可是蜣螂的视力恐怕没有那么好。最终，达克等人把目光锁定在了亮度仅次于月亮的银河，并用天象仪模拟了没有银河和月亮的夜晚，果然蜣螂所花时间延长到了约120秒。看来，蜣螂确实可以利用银河星光为自己导航，这是目前在动物界中已知的唯一一种能够靠银河导航的动物。

但是，这并不意味着别的动物不能用银河导航。我个人认为，至少有一些脊椎动物有希望做到这一点。毕竟，如果某些动物连一些更暗的星星都认识，它们没有理由不去利用银河，只是现在还没有研究到罢了。利用天象仪模拟银河对爬行的昆虫进行研究，要比研究飞行和游动的大型动物容易得多。

还有不得不提的就是磁场。地球的磁场具有明显的极性特征，我们使用的指南针正是利用磁性物质对地球磁场的一种物理呈现。动物也具有这样的工具。研究已经证实，地球磁场的扰动能够干扰鸟类的定向，并且在鸽子头部也发现了感应磁场的磁性物质。连昆虫也被发现有磁场定向，如一种著名的蝴蝶——黑脉金斑蝶（*Danaus plexippus*），又叫君主斑蝶，是种黄黑相间的漂亮蝴蝶。在美洲，每年数以十亿计的黑脉金斑蝶从加拿大向南到达墨西哥和美国加利福尼亚州，并于次年迁回，场面极为壮观。黑脉金斑蝶以太阳导航，在没有阳光的时候也可以使用磁场导航。实验显示，在没有天体参照时，仅在地磁场条件下，它们向西南定向；但如果人为将磁场反转，它们就飞向东北。

▶ ▶   在美国加利福尼亚越冬的黑脉金斑蝶

在高空，飞行的动物还会受到风的影响，甚至不知不觉就会被侧风吹得偏离航向，尤其是身体轻盈的蛾子和蝴蝶。因此，航向是需要不断修正的。昆虫在飞行时会观察地面的景物，作为自身方向的参照。如同我们乘车外出，从车窗看去，景物向后掠过一样，如果蝴蝶发现景物与运动方向平行地向后退，则说明没有偏离航向；如果景物是向侧后方退去，说明自身的飞行受到了侧风的影响，它们会及时调整方向，进行航向补偿。如飞越加勒比海的黄沫粉蝶（*Aphrissa statira*）能在至少200米的空中利用地面标志物进行定向调整，甚至能通过观察海水的波纹进行定向调整。不过对风向的补偿并不精确，有时难免会有"飞过头"的情况。

此外，动物还可能利用嗅觉。鸽子的导航是研究鸟类乃至动物导航的模式性样本之一。我们已经知道鸽子能够利用很多因素为自己导航，如天体、地磁场、陆上的标志性地形和建筑等。近年来，气味在鸽子的导航研究中也显示出了非常重要的作用。

鸽子气味导航的研究始于大约40年前，帕皮（Papi）将一组切断了嗅觉神经的鸽子在异地放飞，然后它们再也没能飞回来；几乎是同一时间，瓦尔拉夫（Wallraff）将鸽子养在能看到地平线但是不能感知风向的玻璃笼舍里，结果这些鸽子在被放飞后也迷失了。根据这些实验，一种观点呼之欲出：鸽子在它们的笼舍附近很可能能够感知风所带来的环境气味，一旦被放飞，它们就能够识别局部气味，并以此为依据返航。后续的实验基本证实了这一猜想。

不过，目前还不知道鸽子优先识别风中的哪些气味。但是根据推测，很可能是一些生物源性的气味。它们应该具有一种综合的气味感知能力，所以这些气味应该有季节性和地理性差异。实验确实显示，鸽子的返航能力有季节性差异，春、夏季要好于秋、冬季。而且不少地区的实验结果对比显示，地中海地区的鸽子的返航能力较好，这可能是因为这些地方具有更多的自然气味，可归因于当地较好的生物多样性。看来，家乡熟悉的气味很重要。

虽然嗅觉导航是在鸽子中首先被发现的，但这种导航机制可能在鸟类迁徙中普遍存在。这一方式甚至有可能比预想的还要广泛，至少目前已经存在一些其他嗅觉导航的佐证，如鲑类除了利用磁场也可能依靠幼年的嗅觉记忆回到出生地，而海七鳃鳗（*Petromyzon marinus*）则主要依靠在上游生活的幼体释放的化学激素来定向。

第二部分

氏族与王朝

▶ ▶ 在广东车八岭，红外相机记录到的鸡形目白鹇的雄鸟

图片来源：张礼标供图

雉鸡家族：聚散离合的日子

我最关注的是社会性昆虫，主要是蚂蚁，它们是我最熟悉的动物。但如果说我最熟悉的体形更大一点儿的动物，那就非雉鸡类莫属了。所谓的雉鸡类，属于鸡形目鸟类，就是一些和鸡的亲缘关系比较近、看起来也比较像鸡的动物，比如雉、马鸡、松鸡，甚至孔雀也属于这个类群，当然还包括鸡本身。

不过，我在野外遇到它们的时候并不多，因为它们相当机警，而且善于隐藏自己。以环颈雉（*Phasianus colchicus*）来说，这种在我国分布相当广的鸟类在我所在的河北省相当常见，似乎稍微偏远一点儿的山上都有它们的身影。但通常情况下，你只能听到它们的鸣声，却很难见到它们。它们往往会更先注意到你，然后就伏下身来，静静地躲藏起来。这种鸟其实相当有耐性，直到你走到离它们非常近的地方，它们觉得确实不安全了，才会突然逃走。它们会从你的脚边迅速飞起，像从战舰上垂直发射的导弹一样，然后落到一个你够不到的地方。如果没有防备的话，这能把你吓一大跳。

回忆起来，我的脚边蹿起过不少东西。比如野兔，它们真的就像离弦的箭，瞬间就没影了。最刺激的一次，有人在前面走，我在后面跟着，他走过去后，在我俩中间迅速腾起了大量野蜂。哦，前面那位，你踩到地上的蜂窝了。哪种蜂？别问我，我没顾上看……动物真的非常善于隐藏自己。有一次，我和华南农业大学的许益镌教授一起考察，我们看到了双齿多刺蚁的工蚁。有蚂蚁出现，意味着一定有巢在这里。然而，我俩怎么也找不到。甚至把那小块地上的草全部清掉，仍然没找到。折腾了快一个小时之后，我们才在露出地面的一截小小的树桩里找到了它们的家。我和一位常年在野外拍摄大型动物的朋友达成了共识——在野外，如果动物不想让你看见它们，你就很难看见它们。而多数情况下，它们都没有露脸的打算。

所以，现在研究野生动物行为最流行的观察手段是提前安置红外相机进行拍照和录像，动物经过相机的拍摄范围时，相机会感应到动物发出的红外线而自动启动，待动物离开后，相机会自动关闭。研究人员定期去回收相机的储存卡，带回分析。这样做的好处是显而易见的，在未受干扰的情况下，动物会完全展现出自然行为，研究人员也不必整日蹲守（还不一定能遇到动物）。当然，这些隐秘的相机有时候也能记录到进山采药的农夫，甚至危险的盗猎者。

而更早期的观察手段是圈养，今天，它依然是比较常见的手段。养鸡这件事我特别熟悉。几乎整个童年，除了蚂蚁，我都在与各种鸡朝夕相处，从20世纪80年代开始，一直到快要进入21世纪的那段时

▶ ▶ 师兄张礼标教授在野外安装红外相机

间，我家都会散养几只鸡，改善伙食，同时补贴家用。我想这也是很多"70后""80后"有过的经历。只不过我家可能更专业一点儿，父亲手巧，自制了几个很大的孵化箱，可以成批地孵化小鸡。家里在四川的时候养的是红玉鸡，也可能是土鸡，搬回了河北，就变成了纯种的乌鸡和珍珠鸡，偶尔还养过几只从西方引进的普通蛋鸡。成年珍珠鸡的鸣声让人相当印象深刻，而且它们干"上房揭瓦"的事情很容易，但把它们从房顶弄下来会很难。我还会带着"关系好"的珍珠鸡一起到处跑，去翻虫子，甚至合作干掉一条没毒的蛇。乌鸡就不行了，没有那么"野"，一点儿都不好玩。

那时候真是很有口福的日子，虽然住的地方破了一点儿，但是有一段时间，30多元钱才能买到的纯种乌鸡，我一周就可以吃上好几只。之所以自家吃得勤，反而就是因为价格高（毕竟我家租的带院子的房子，一个月才10元钱租金），连鸡苗都不好卖，合作的特种养鸡场又不允许我们降价出售（所以后来这养鸡场垮了）。不过，倒不用担心赔本，因为是自家留种，自家孵化，就连喂鸡的菜叶都是院子里种的，大概除了一点儿粮食外，没什么成本。总之，我家以一种"无欲无求"的状态经营着自家的养鸡业，以至于除了吃得好点儿外，完全没赚到钱。后来搬了几次家，慢慢就放弃了。

不知是不是错觉，与现在偶尔在餐馆里吃到的乌鸡不同，那时家里养的乌鸡似乎要更好吃一点儿。如果当年老爹的厨艺花样更多一点儿，那就更好了。不知道是不是因为珍珠鸡吃得相对少一些，对我来说珍珠鸡似乎更好吃……

我们先来说说在四川养的这群鸡在它们被全部炖了之前的事情。这群鸡应该是红玉鸡或者土鸡，尽管在外观上非常接近它们的野生原鸡（Gallus gallus）祖先，但已经属于驯化的家鸡。不过它们的行为还保留着一些原鸡的影子，我们可以从中一窥原鸡的社群与行为。而且我家这群鸡（真的是一群鸡）经过了好几年，群体已经形成，而且看起来有点儿半野生了。

这群鸡具有明确无误且界线清楚的活动范围，且非常完美地阐释了动物行为学中巢域（家域，home range）和领域（领地，territory）的概念。所谓的巢域，就是指它们正常活动的整个区域，领域则是它们排他式保卫的核心区域。

我家当时住在四川省达县（今达州）飞机场内，也就是今天的达州机场。在机场内，曾有一栋2层的职工小楼，估计现在已经被拆除。楼不高，但是很长，前面有一块很大的草地，没什么人打理。除了家属楼，草地另外三面都是机场的水泥路。另外，还有一条比较窄的水泥路穿过草地直达家属楼下，与家属楼的楼梯相接。当时我家住在二楼，离楼梯口很近。楼前的草地实际上被分成了左右两块方形地块。从面对着住宅楼的方向看，我家的鸡就养在右边的地块，里面大概有30多只鸡。父亲在离路不远的地方给它们搭了一个分层的、有点儿像碉堡的楼式鸡窝，用竹竿围了一小块场地做后院，大概10多平方米。鸡舍还有个前门，白天可以打开，把鸡赶到草地里。

起初并不顺利，由于刚放进去的是未成年的鸡，晚上不知道是老鼠还是别的动物偷袭，有的鸡会被咬死，于是我们不得不改进了鸡舍。不过自从整个鸡群成长起来，特别是有了一只很威武的雄鸡以后，局面就有所改观了。

我毫不怀疑，那只威武的雄鸡是这个鸡群的王。自从有了它，鸡群的地盘就相当明确了，它们的巢域就是右边的那块草地。通常，它们不会跨过水泥路，基本不会到左边的草地去，也不会跑到其他方向的水泥路上去。在那块草地上，还有一棵芭蕉树，它们经常在树下停留。至于它们的领域则是鸡舍附近了。在领域内，这只雄鸡会毫不客气地驱逐外来者。一个经典的案例来自一位和我同龄的小伙伴，也是家属楼上的住户。这位小男孩淘气地跑到鸡舍，用手使劲儿去关鸡舍的门，然后悲惨地遭到了雄鸡的追杀，直到逃上了家属楼的楼梯——那里不是雄鸡划定的巢域范围，驱逐也马上停止了。从以上事件中，我们可以清楚地看到，承担领地守备职责的是这只雄鸡。我从未见过雌鸡参与驱逐入侵者的行动，它们似乎不太具有领地意识。

这与华南濒危动物研究所的袁玲在海南大田国家级自然保护区观察原鸡海南亚种（*Gallus gallus jabouillei*）得到的结论是一致的。根

▶ ▶ 很像原鸡的家鸡。雄性红原鸡中间两枚尾羽特别长且形成弯钩状，冠子相对比例也比较小。雌原鸡和雌家鸡在体态上的差别就更明显了，冠子与喉部几乎没有肉垂

▶ ▶ 原鸡的雄鸡
　图片来源：贾森·汤普森摄

▶ ▶ 在投食点，原鸡母亲带着雏鸡来进食

据袁玲的观察，大田的原鸡是公鸡守备巢域，母鸡在数个公鸡的巢域中成群游荡活动。而在繁殖季节，雌鸡群则会选择一处留下来，成为这里雄鸡的配偶。

家鸡已经没有了所谓的繁殖季节，所以它们一直在一起。毫无疑问，那只雄鸡是整个巢穴的领导者，它带领集群活动和觅食，在有食物的时候会咕咕地召唤母鸡前来觅食。还有一件令人印象深刻的事情。有一次，这只雄鸡破例登上了家属楼的楼梯，一直上了二楼。它一边叫一边来回走动。它反常的行为引起了家人的注意。差不多是在它的带领下，我们发现了原因——有一只母鸡失足掉进了喂食的水桶里，桶里有水，母鸡正在里面挣扎。这个家伙确实够聪明呢。

但是，更加体现家鸡智力

的案例来自德国动物学家彼得·渥雷本（Peter Wohlleben）记载的一件事。故事的主角是只公鸡，叫佛里多林，它是一只典型的白洛克鸡，也就是饲养场常见的那种肉鸡。这只公鸡和两只母鸡生活在一起。母鸡数目不多，公鸡的性欲无法得到满足，交配的频率就有点儿高，以至于母鸡一看见佛里多林有要交配的前兆，就立即躲得远远的。但很快，佛里多林想到了好点子。它会发出咕咕声，表示找到了食物，母鸡们就会飞快地赶来取食。然而，到了却发现什么也没有。佛里多林只是又一次展示了求爱的企图并且得逞。以至于后来，就算佛里多林真的找到了食物，母鸡也总是小心翼翼的。

除了领头的雄鸡以外，鸡群中还存在等级排位。不管是家鸡，还是野生的原鸡，都是如此。最直观的体现就是啄食的顺序。一般来说，群体中最高级别的个体会优先进食，或者占据最好的进食位置。顺位较低的鸡会主动避让，如果避让不及时，就有可能挨啄。因此，鸡进食的时候是观察它们社会顺位的好时机。

鸡形目鸟类倾向于成群活动，它们是鸟类中社会组织形式最复杂的类群之一。与原鸡相比，另一些雉鸡则倾向于更加松散、灵活的组织方式。以环颈雉为例，这些漂亮并且会飞起来吓人的山鸡，在不同的季节呈现出了不同的组织方式。通常，它们在冬季会结群活动。结群的形式有三种，分别是雄性群、雌性群和混合群。群体个体最多可以达到20只。通常，雌雄都有的混合群，要比单性群体大一些。不过有意思的是，不同的地域情况还不太一样。比如，山西宁武的环颈雉在冬季集群的数量只占个体总数的53.10%，而同样是山西的庞泉沟，比例则高达86.36%，北京地区则在85%以上。而在北京地区，松山的环颈雉会形成比较大的雌雄混合群，而在百花山则几乎只有单性群，混合群则极少见。这意味着，有很多因素会影响环颈雉的集群行为。

其冬季集群主要与两个因素有关，一是食物资源的匮乏，一是天敌的威胁。而集群可以缓解这两个问题。

群体协作也许能够提高在寒冷环境中的觅食效率。这一点，也许可以作为在新西兰的研究的证据。在这里，环颈雉是引入物种，并非本土物种，它的原产地在东亚大陆，后来被人为引入了很多地方。根据维斯特科夫（Westerskov）的研究，在新西兰这种常年气候温暖、食物充沛的环境中，那里的环颈雉倾向于在非繁殖季不聚群。

居于食物链顶端的猛禽也许可以作为佐证，比如美国的国鸟白头海雕（*Haliaeetus leucocephalus*）。它们是杰出的猎手，但同时也是偷窃者和食腐动物。在多数时间里，白头海雕都具有领地性，守卫广大的领地。但在冬季食物匮乏的时候，它们愿意集体栖息，只守卫身边的小片区域。它们分享优质的采食地，也有一定概率借机在繁殖季到来之前形成繁殖对。

► ►　正在争斗的环颈雉雄鸟

而对雉鸡来说，冬季植物枯萎，落叶再加上白雪覆盖，原来良好的隐蔽条件已经消失。集群活动可以增加及时发现天敌的概率，同时在面对天敌时，也降低了单个个体被捕食的概率。

而到了春季，环颈雉的大群就解散了。这也说明它们其实没

▶ ▶ 冬日的阿拉斯加，白头海雕聚集在一起

有原鸡那么热爱群体生活，也许只是受冬季的生活所迫而集群。

春季，雄性环颈雉开始占据领域，热火朝天地互相讨伐。如果得到了雌性的青睐，它们将有机会繁殖后代。总体上来说，这并不是一个容易获得的机会。不论种群的密度大小，只有一部分雄性可以建立领域，它们通常是一些有一定年龄且比较强壮的雄性。即使如此，也并非所有的占域雄性都能获得配偶，事实上，有相当多的个体没有配偶。

但是同时，某些占域雄性会获得较多的配偶，少则一两只（这个应该是多数情况），多则七八只。1989年，英格兰还曾报道过一只雄性有11只配偶。也就是说，雌性对占域雄性还有一定的择偶标准，而且有些雄性会显得格外有吸引力。

冯香茨等人在瑞典南部对一个环颈雉种群进行了深入的研究，找到了一个有趣的信息——距的长度。这真是一个让人意外的细节。所谓的距，就是雄鸡脚上方朝后的那个突起，在很多雄性家鸡的爪子上只是一个小疙瘩。通常，它被作为雄性的第二性征，但在少数物种中，雌雄都生有距。研究发现，雄环颈雉的距长与配偶的数量呈明显的正相关关系，距越长，配偶相应地也就越多。

为了进一步验证实验结果，他们将一部分雄性的距截短2~5毫米作为实验组，与未做处理的对照组相比较，发现实验组的配偶数量明显少于对照组。

看起来，雄性的距长是雌性眼中一个非常性感的特征。但是，为什么雌性会选择这个特征呢？这背后是否隐藏着生物演化的意义呢？

好在冯香茨等人继续做了研究，并给出了一个统计结果，显示了两个有利的因素。一是能够存活到下一个季节的雄性的距要比死去的个体平均长2.1毫米；二是距越长的雄性，配偶繁殖出的雏鸡数量就越多。如此看来，似乎距的长度与雄性的生存力和繁殖力相关。这真是个奇妙的结果。不知道这背后是否有一些基因层面的原因？这还有待进一步的研究。

交配后，雌性环颈雉开始产卵和孵卵。孵卵的过程完全由雌性完成，雄性在此期间承担守备和放哨的职责。不过，一旦小环颈雉出壳，雄性就自觉完成任务了，带着雏鸟到处觅食的职责就落在了雌性的头上。

而相比环颈雉，雄性马鸡更像靠谱的丈夫。春季，大群解体以后，它们结成繁殖对，共同照顾后代。其中，白马鸡似乎更容易组成群体，曾观察到两对成鸟各自带领它们的雏鸟合并成一个更大的群体。当然，真正的大群还是要等到冬天来临的时候才会出现。以藏马鸡为例，它们可以结成由几十个家族组合成的200只以上的大群体。若是野外遇到了，放眼望去，就如置身于藏马鸡的王国一般。当然，如果你靠得太近，它们就会高叫着迅速逃走。

▶ ▶ 白马鸡
图片来源：叶峥嵘摄

▶ ▶ 在山腰上寻找食物的金毛羚牛

蹄子与尖角：有蹄类的家族生活

有蹄类动物都或多或少具有一些社会性。正是因为如此，在人类文明的发展中，人们驯化了不少有蹄类动物，比如牛、羊、马、驴、猪和鹿等。其中，马和驴属于奇蹄类，其他则属于偶蹄类。区别奇蹄类和偶蹄类最直观的方法就是数数它们每只脚上的蹄子数，看看是奇数还是偶数。

羊的攀缘能力举世闻名，它们的蹄子能够像钉子一样把自己铆在山岩的缝隙上，并且它们擅长调整自己的重心。我们眼中的险峻岩壁，在它们看来，就像平直的大马路一样。在我国，岩羊（*Pseudois nayaur*）可能是我们最熟悉的野生有蹄类动物之一，在整个西部地区都有它们的踪迹。估计在我国山区生活着几十万头岩羊，如果在户外探险，与它们不期而遇的机会还是相当大的。岩羊很好识别，特别是成年雄性，它们有一对像倒置的八字胡一样的大角，角尖微微向后弯

曲，两只角的根部截面近似呈三角形，距离很近，这些都是显著的
特征。

▶ ▶ 喜马拉雅山系的岩羊

　　岩羊的性情温和，形成的群体也比较松散。但总体来讲，岩羊还
是倾向于聚集成群的，独自活动的岩羊占比不到10%。

　　岩羊最基本的组织是母子群，也就是雌岩羊和一只幼崽组成的小
群。有时候这个小群还包括上一年的亚成体，这样就组成了一个三只
羊的小家庭，也可以称之为家群（family group）。在幼羊成年离开之
前，家群都是比较稳定的。而岩羊的其他聚群就比较松散了，它们还
能以全雌性、全雄性和雌雄混合等方式汇集成更大的群体，但是这些
群体通常不稳定。相比那些依靠血缘关系聚集在一起的动物，岩羊更
加包容，它们随时可以接纳新的成员，也不介意旧成员的离去。

　　岩羊会因为觅食、饮水或者休憩而聚集到一起，但是这些群体不
时会解散成小群，或者与其他岩羊组成新的群体。此外，它们也会因
为繁殖和迁徙而聚成相对稳定的群体，但是在繁殖期或者迁徙结束以
后就会解散。当然，在繁殖期，雄性个体之间免不了会有所争斗，以
决出优势等级的顺序。

相比岩羊，在我国分布的另一种有蹄类动物——羚牛（*Budorcas taxicolor*）的社会性就要复杂得多。其实羚牛和岩羊的亲缘关系不算太远，因为严格来说，不管是牛、羚牛还是羊，在生物分类上都属于哺乳动物中的牛科（Bovidae），甚至包括多数被称为羚羊的动物，都属于牛科。分子生物学的证据显示，相比牛，羚牛和羊的亲缘关系应该更近。

在我国，生活在秦岭地区的羚牛得到了很好的研究。它们的组织形式是重层的，也就是可以分成一层一层的，大致可以分成家群、社群和聚集群三层。此外，还有一定数量的独牛。

与岩羊相似，家群也是羚牛群体生活的核心。但羚牛的家群有三种呈现方式，其一是父母与后代组成的完整家庭，其二是母子群，其三则是雌雄成年羚牛组成的夫妻组合。通常，一个家群都不会太大，大约只有几头羚牛。

此外，还有以家群为基础的变形——混合群。多数群体性动物的混合群指各种性别和各种年龄的个体混合在一起。而羚牛则不同，羚牛的混合群是指外来的亚成年个体加入只有雌性成年羚牛带领的家群中的情况，这相当于家庭接纳新成员，妈妈有了"干儿子"。显然，这在哺乳动物中并不多见。

以家群为基础，一些有关联的家群会暂时性地聚集在一起，组成社群。组成社群的家群一同觅食和迁徙，雄性羚牛会担当起守卫的职责。在这个大前提下，羚牛社群同样演化出了"幼儿园"，也就是由少数雌性羚牛看护自己的和没有亲缘关系的小羚牛。这一行为的出现，意味着羚牛的社群是比较稳定的，而且彼此之间的信任度是很高的。

社群也是羚牛最主要的集群类型，不过在夏秋的繁殖季，几个社群会集结在一起，形成聚集群。聚集群的规模就比较大了，可以达到四五十头，有的甚至能达到上百头。但这是很不稳定的集群方式，至少秦岭的羚牛是这样，聚集群在繁殖季节之后就会解体。

现在，就让我们来说说它们在繁殖季节的事情吧。我在这本书里会为你展示很多具有较强社会性的动物的繁殖行为，它们多数都是各自独立进化出来的行为，你会觉得它们有些地方很相似，有些地方又有所不同。这是在自然选择的塑造作用下，各自进行适应性演化的结果。这些结果不一定完美，但至少保证了物种的生存。体会它们，你说不定会有所感悟。

在繁殖季节，成年的雄性羚牛有两种状态，一种是位于群体内的成员，一种是完全游离的独牛。在群体内的雄羚牛，一般已经确立了地位顺序，也就是产生了阿尔法雄性，它将拥有优先交配权。社群中的其他雄性，如果想获得更多的交配机会，它们的选择就只有主动离开现在的群体，成为针对其他群体的挑战者，也就是独牛。

独牛会在各个群体之间游走和观察，寻找合适的挑战目标。它们的判断主要来自两个方面，一方面是观察社群中是否已经有雌羚牛做好了繁殖的准备，另一方面就是评估目标群体中雄羚牛的实力。经过认真评估以后，独牛才会选择一个群体，然后默默地尾随，并进入群体中。

接下来就是向原来的优势雄性发起挑战了。这些重达300千克的大家伙开始助跑、撞击、对顶、互相挤压……战斗非常激烈，可以持续几十分钟，直到一方败北。一旦挑战者成功，就会成为优势雄性，被挑战者要么选择留下成为低序位者，要么就脱离群体成为独牛。相反，如果挑战失败，那挑战者就得继续去流浪了。

不过根据统计，挑战者的成功率是很高的，在75%以上。这大概得益于羚牛群体允许其他雄性在一旁观察，并且评估自己的实力吧？

由于羚牛的社会组织方式比较多变，它们的头领可以是雄性，也可以是雌性。头牛在群体中具有权威，并且领导群体行为。比如在采食的时候，如果群体成员较多，它们往往会在觅食地分散开来，但头牛可以通过吼叫将它们召唤回来，集合到一起。同时，头牛也承担着警戒的职责，一旦有危险，它们会用嘴唇打出响亮的声响，然后引起群体成员迅速聚集。在迁徙时，头牛和强壮的个体分别会在头尾压阵，以确保安全。如果遇到捕食者，它们会展现出和前文中北美野牛差不多的行为，但是它们还有一个额外的策略，大群羚牛有可能分成几个小群向不同的方向逃走。这一策略能起到迷惑敌人，同时化整为零的作用。

与牛科相对应，鹿科动物的角是分叉的，特别是雄鹿，你可以凭借这一点，很容易地将它们彼此区分开来。比如白尾鹿（*Odocoileus virginianus*）是一种全球性分布的鹿类，

▶ ▶ 白尾鹿的名字来自它们尾巴下面的白毛。竖起尾巴是一种示警行为

在我国，虽然没有自然种群，但有人工饲养的群体。白尾鹿最显著的标志是尾巴腹面长着白色的毛，当遇到危险的时候，它们的尾巴会竖起来，用这丛白色向同伴示警。同时，这也是让幼崽紧跟母鹿的标志。迪士尼著名动画小鹿斑比的原型正是白尾鹿。

和其他哺乳动物一样，白尾鹿的幼崽会跟随母亲一段时间，通常是一年到几年。同样，家群也是白尾鹿群体的基本单位。但是与羚牛不同，白尾鹿在繁殖季采取的是雄性占据领地，与进入领地的雌性交配的繁殖方式，也就是我们在第一部分提到的资源保卫型的交配模式，与非洲的黑斑羚类似。这也表明，即使同样是有蹄类，它们仍然会采取不太一样的社会组织和繁殖策略。

而且，白尾鹿的雄鹿之间还有故事。美国得克萨斯州研究白尾鹿的动物学家贝内特（Bennett）和布朗（Brown）就发现了一些有趣的事情。他们两位把白尾鹿的雄鹿分成了四种类型。

第一种是亚成年的雄鹿。一直到1岁或者2岁，这些雄鹿依然会跟随自己的母亲，生活在小小的家群里，它们主要在母亲的领导下，并不独立。

第二种，即脱离家庭头一年的雄鹿，被称为"亚优势流浪者"（subdominant floaters）。在这个阶段，雄鹿

▶　▶　白尾鹿的母鹿与小鹿

会和不同的群体建立关系，包括雌雄混合群以及全雄群，但是这些关系都是短暂的、相当不稳定的。

第三种类型就是处于全雄群中的雄性。全雄群的核心是一些成年的雄性，它们建立了非常稳定的关系。根据两位科学家的观察，这些核心一般是由2~4只雄性组成，其中一对雄性的关系最为稳固。在全雄群中，彼此之间的进攻性很低，特别是在群体中处于核心的雄性之间，就更低了。虽然在繁殖季节，这些群体会解散，但是繁殖期过后，那些关系较好的雄性会再次聚集到一起。全雄群的家域范围比较小，也有比较固定的活动区域。

第四种类型则是"优势流浪者"（dominant floaters）。这是一些成年的并且非常强健的雄性，它们不太喜欢定居的生活，拥有很大的活动范围，也就是家域很大。它们看起来能和所有类型的群体建立短期的关系，它们的定位大概就是白尾鹿社会中的游侠或者浪子吧？

我们主要的着眼点还是在全雄群上，比如一个被称为"土耳其陷阱"（Turkey-trap group）的群体。我真不知道这个诡异的名字是怎么从动物学家的脑子里蹦出来的！当然，也许是"火鸡陷阱"也说不定，因为土耳其（Turkey）和火鸡（turkey）在英文里只是大小写的区别。但不管是哪个名字，都诡异极了，它让整个全雄群听起来像是一群非主流的小男孩。

从1969年的6月30日到11月6日，这个群体基本是由6个成员组成的。核心成员有3个，分别是HBT、TT43和TT33，它们都是成年的雄鹿。它们三个呈现出了线性的优势关系，也就是说HBT是老大，TT43是老二，TT33是老三。剩下的三个是不太稳定的小弟——它们

▶ ▶ 取食浆果的白尾鹿全雄群

确实要年轻一些，它们的角更小，有时会离群，也有可能重新加入。

11月6日，维持了四五个月的"土耳其陷阱"瓦解了，繁殖的躁动使它们分别投入到了热烈的求偶活动中去。虽然我们非常期待，但遗憾的是，研究报告没有说明它们各自求偶的收获。无论如何，到了12月10日，轰轰烈烈的求偶活动结束了。

"土耳其陷阱"的核心成员们又再次聚集到了一起。它们互相顶着角力，确定自己的排位。这一次，HBT仍然是老大，但是老二的宝座易主了，TT33变成了老二，TT43变成了老三。

不知道是不是受不了被取代的刺激，到了1970年的1月3日，TT43已不再是群体的一员。群体的核心变成了HBT和TT33，还有两个小跟班。

这个情况持续到第二年1月14日，HBT的鹿角掉了。雄鹿的鹿角每年都要脱落，然后换上新角，这是很自然的现象。但这对HBT的统治事业来说，却是毁灭性的打击——TT33因此上位。但是TT33也没高兴多久，很快，它的鹿角也掉了。之后，持续的观察活动就结束了。

通过对全雄群的观察，我们可以看到雄鹿之间还是存在友谊的，但是这些友谊像玻璃一样脆弱——不仅排位随时可以变换，当需要求偶的时候，小集体也可以毫不犹豫地就地解散，"各自开张"。即使如此，在不需要争斗的时候，聚集成群依然是有好处的，这样可以增加群体的防卫力，居于群体核心的成员也得到了保护，并获得优质的生存资源，而那些刚刚成年的小跟班则得到了历练。

事实上，你最好不要和雄性有蹄类动物谈友谊，它们随时准备用角顶你几下，以便确认一下彼此的社会排位，哪怕你们之前的关系一直不错。我甚至怀疑，它们越认同你，就越可能跟你争夺排位。我家放弃养鸡事业以后，还养过绵羊，有一只公羊和一小群母羊。虽然也没有挣到钱，但是攒了很多羊毛，可以让我在上大学的时候穿上纯羊毛填充的小背心，这让在冬季学校的食堂里喝着热汤的我汗流浃背。人类驯化了几千年的绵羊，性格已经算是绵软，但公羊照样会顶人。后来那个公羊有了只崽，同样是个不让人省心的主儿。羊崽还没成年，就已经学会争排位了。你过去了，得防着它，免得冷不丁它就给你来一下……

如果说羊有可能带来点儿困扰的话，那么具有锋利鹿角的雄鹿就是带来危险了。已经有很多案例证明，被人类收养长大的雄鹿会给人带来威胁。它们会攻击人类，因为它们的认知出现了混乱，它们把人类视为同类。它们会袭击主人，也许是为了确认自己的排位，也许是要在繁殖季节划定领地，驱逐"同类"。如果主人没有灵活的身手，很可能会被尖角刺伤，甚至造成严重的伤害。它们的角不仅生来尖锐，平时也会用心在树木或木桩上打磨……这样的雄鹿放归自然以后，对于在林中行走的人们来说，也会是一种威胁：它们身体强健，并且与多数野生动物倾向于避免与人接触不同，它们有可能会主动发起角斗。正是因为这样，在雄性有蹄类的收养和放归上要格外谨慎。

▶ ▶ 塞伦盖蒂的非洲草原象群

象之王国：母系氏族与男人帮

　　同样是以植物为食，象的演化路线与牛羊之类的有蹄类动物相当不同，它们在演化中抬高了身体，却没有发展出对应的长脖子，而是获得了另一个有效的工具——鼻子。这是一个相当了不起的发明。严格来说，象的"鼻子"不完全是鼻子，它是由鼻和上唇构成的。但是象鼻里却没有鼻梁骨，不仅如此，围绕着鼻管大约有4 000块肌肉，这些肌肉的活动组合起来，就能做出各种动作。象鼻灵活到能够捡起地上的铁钉，鼻子于象而言，就如手臂于人一般。

　　目前看来，以长鼻子作为拿取和探测的手段，确实是一种演化方式。除去象，哺乳动物中的貘也演化出了"低配版象鼻"，同样由上唇和鼻构成，类似的还有象鼩。甚至在鱼类中也出现了类似的动物，如象鼻鱼类（Mormyridae）中就有很多这样的物种。它们的脑很发达，感知能力很强，"象鼻"的肉质凸起主要起化学探测的作用。

不过，象鼻确实是这种演化方向的极致，用象鼻吸水送进嘴里也是象的一个让人惊叹的绝技——它们不会把水"喝"到气管里，引起呛水。因为象的鼻腔后面有一块特殊软骨，当用鼻子吸水时，象吸气，水便进入鼻腔，等水快要灌满鼻腔的时候，喉咙部位的肌肉收缩，那块软骨适时地移动位置，将气管堵住，这时呼吸道关闭，它就憋了一口气了。等把鼻孔放到口中时，软骨归位，象呼气，水就流出来了，而那些多余的水就会随着空气喷出，这就是为什么我们看到象喝水的时候总是有水溅出来。同样的道理，象也可以吸水或者把泥喷到自己或者同伴的背上给身体降温。鼻子同样是象群社交的手段，用鼻子触摸、缠绕等动作，都是传达感情的方式。

象鼻的嗅觉同样是一流。鼻甲骨上生有极为敏感的、专用于嗅觉的感觉组织，大象有7片鼻甲骨，而狗只有5片。大象可以用鼻子轻易分辨出本家成员的气味。当周围的雌象发情或者雄象进入狂暴状态散发出激素时，大象都能通过鼻子闻到。当空气中出现危险气味时，它们也会扬起并旋转象鼻认真确认气味。

在社会性问题上，我们也必须给予象特别的重视，不仅因为它们具有很强的社会观念，同样因为它们的社会可塑性非常强。它们具有从体积到结构都非常发达的大脑，平均重达4.8千克。这使得它们不仅具有超强的记忆力，并且毫无疑问地具有复杂的感情，也有自己的行事逻辑。

曾经有一个非常经典的案例，足以展示象的记忆力与情感之强：一头大象在伦敦动物园突然发狂，袭击了三名水手，并在转眼间杀死了其中两人，只有一人侥幸逃脱。起初，人们对大象突然发狂百思不解，后来，那位幸存者才猛然想到了事情的原委。原来三年前在马耳他的码头上，这三名水手在百无聊赖时，戏弄过这头即将被运往伦敦的大象。哪知道三年之后，大象仍然记得他们，并且成功地实施了复仇。

▶ ▶ 坦桑尼亚恩戈罗恩戈罗自然保护区，一头雄性非洲草原象混迹在一群牛羚中。这些大家伙似乎特别喜欢和"小动物"在一起。不知它是否对自己的大体形感到自豪?

象的演化非常成功，它们一度在全球范围内分布，至少在我们的祖先走出非洲之前是这样的。高纬度地区有披着长毛的猛犸象类，低纬度地区则是体毛很少的象类——庞大的体形导致了较小的相对表面积，使它们需要减少体毛，以在炎热的环境中充分散热。但是人类的崛起使得这颗星球上的大型动物遭受了毁灭性的打击。几乎可以肯定，在猛犸象的灭绝事件中，人类脱不了干系。

今天，象的分布范围已经被大大压缩。在这个星球上还生活着三种象，它们分别是亚洲象（*Elephas maximus*）、非洲草原象

▶ ▶ 河水里的亚洲象群

▶ ▶ 刚果盆地的非洲丛林象

（*Loxodonta africana*）和非洲丛林象（*Loxodonta cyclotis*），其名称与它们的分布地域对应。在我国，商代的时候亚洲象的分布范围曾一直延伸到黄河流域，但是随着气候的变化和人类的活动，它们目前在我国的分布仅限于云南的沧源和西双版纳，数量大约只有200头。

相比亚洲象，非洲象的体形更大。亚洲象的耳朵看起来有点儿像方形，而非洲象的耳朵宛如非洲的地图一般，呈三角形。与亚洲象只有雄性有外露的象牙不同，非洲象的雌雄都有象牙，并且牙齿更大。此外，两者在象鼻上也有区别，非洲象的鼻头上下分别有两根"指头"，鼻尖更灵活，而亚洲象只有一根。事实上，在相当长的时间内，两种非洲象被认为是同一个物种，只是近年来DNA（脱氧核糖核酸）分析显示它们需要被拆分成两个物种，两者在250万年前已经分道扬镳了。

相比较而言，对非洲草原象的研究是较为透彻的，我们就以它们为主来介绍象的社会。象的活动范围很大，我们大概可以把某个地区相互接触的象看作一个大的社会（community）。当然，其实你也可以对很多活动范围很大的有蹄类动物持有相同的观点。不过，象之间的纽带会更加牢固。在象的社会里，大致可以分成由母象和幼象组成的母系氏族群体（martiline），还有游荡的成年雄象或者全雄群体。

相比之前提到的那些有蹄类动物，象的母系氏族特征更加稳定。它的基础是家群，也就是母子群，通常由一个雌性首领和它已经成年的女儿，以及它们的所有未成年后代组成。雌性首领的姐妹和表姐妹等有时候也会加入这个群体。尽管这个群体的首领通常是最年长的雌性，但未必一定如此。对于因衰老而无法领导象群的雌象，会有其他雌象来代替它的首领地位。在野外，象的寿命往往取决于它们的牙齿——由于食物粗糙，对牙齿的磨损很强，象在演化中获得了一项能力，它们一生可以换6次牙。当最后一套牙齿磨损以后，它们的生活就会变得很艰难。因此，在自然界中，60岁是象生命中的一道天然关口。群体的数量通常在10头左右，多的可以达到20头以上。少数情况下，一些雌象会在有追随者的前提下离开现有的群体，组成新的象群，并成为首领。但多数情况下，群体的成员是很稳定的，它们步调一致，团结在雌性首领周围45米的范围内，共同进退。

▶ ▶   南非，夕阳下的非洲草原象群

在群体中，年龄和体形可以决定地位，体形和年龄最大的雌象处于最高地位，而体形和年龄最小的则处于最底层。对于未成年的雄象来说，它们会通过撞头来决定各自的地位。当然，它们迟早会被逐出象群——当那些雌象受够了这些越大越不老实的家伙的时候。

离群的雄象会成为游荡者，它们有时候也会结成松散的"男人帮"，这是非常不稳定的组织。在雄性之间的社交中，明确无误地存在着等级。阿尔法雄象领导整个雄象群体，它走在队伍的最前面，占据最好的资源位置，并震慑任何挑战者。

一旦两头雄象需要确定自己的位置，冲突就在所难免。通常，它会高扬起头、张开耳朵，做出威胁的姿势，让挑战者知难而退。如果被威胁的象不打算引起冲突，那它可能会做出屈服的

▶ ▶ 一头雄性非洲草原象张开了耳朵，向另一头雄象宣示自己的地位

表示。与威胁相反，它会压低头部，收拢耳朵，象鼻向内卷起，必要的时候，它也可能掉头逃走。

如果双方仍在僵持，接下来可能会迎来一轮冲锋。冲锋的象会扬起鼻子高声吼叫，拍动耳朵发出啪啪的响声，它摇头晃脑，看起来准备狠狠干一架。但这轮冲锋也很可能是示威性的，至少头一轮往往是这样的，它很有可能会在目标前面停下来。

如果对方仍不退却，那就只能干一架了。前额就是它的拳头，长牙就是它的战矛，这些认真战斗的庞然大物确实是有着大型动物天然携带的那种威势。

不过，一旦等级排位确定下来，即使是成年雄象之间也很少发生

奋力的拼斗。通常的情况是，低位雄性一个个走上来，向阿尔法雄象致意。它们把鼻尖放到优势雄性的嘴边，就像我们的抚胸礼一般表示尊敬和顺从。而优势个体稍微展露权势，如伸展耳朵或者扬起头，低顺位的个体就会退让。

但是，有一种情况除外，那就是发情时。

在发情时，它们的性激素睾酮的水平急剧上升，含量是平时的50倍，这一激素会使动物的性冲动和攻击性增强到影响理智的程度。哪怕聪明如象，在高浓度的激素作用下，仍会头脑发热，变得既暴躁又难以预测。而一头到处发泄情绪，并随时准备倾尽全力干一架的庞然大物是极度危险的，尤其是它们还有一对致命的象牙。面对失去理智的发情雄象，多数情况下，即使是阿尔法雄象都会退让，让它们暂时成为群体中等级序位最高的个体。由于等级序位的暂时提高，这些"上位"的雄象很可能交配成功。

这一反常的现象在其他动物类群中并不多见，确实非常值得思考。我们不得不疑惑，若低位雄象如此轻易地就获得了交配权，那么是否意味着在象群中成为阿尔法雄性最重要的优势被剥夺了？

演化一定会给出我们答案，自然选择不会无缘无故地极度推高雄象在发情期的激素水平。在漫长的演化过程中，这一现象的背后一定会是多个层次博弈的结果。

我们可以注意两个不同寻常的地方。

其一，与多数食草动物在固定的季节进入繁殖期不同，雄象没有固定的发情起始时间，也没有固定的持续时长——也许只有一天，也许可以持续三四个月以上。

其二，大象的寿命悠长，性情平和，在雄性社群中，它们的位置通常非常稳定。有时候，这些顺位甚至从童年时代就已经确定了。这意味着，阿尔法雄象可以在这个位置上坐得相当久，几年，十几年，甚至更久。

若是我们沿着这个思路继续思考，就会发现问题的所在：如果没有某种补偿机制，那么在这么长的时间内，阿尔法雄象几乎握有绝对的交配权，那整片区域若干个母系家族的小象都有可能变成同一雄象的后代！这对遗传多样性是极度不利的，也会断送整个区域内种群的演化潜力。

显然，自然选择帮助雄象找到了解决方案——发情的雄象可以短暂地攫取生殖优势，以便打破阿尔法雄象的生殖垄断。

但是，阿尔法雄性的优势是不可能被完全剥夺的。可以变动的发情期和发情时长也许就是另一种补偿机制——已经有确切的证据表明，阿尔法雄性似乎会在最适宜繁殖的时间段发情，并且拥有较长的发情期，因此，它仍有机会产生更多的后代。至于这背后的生理机制，可能还需要进一步的研究。

► ► 非洲狮的雄狮和雌狮在一起。在猫科动物中，这种鲜明的雌雄二态的现象可不多见

大猫王朝：联合体和狮子王

　　猫科动物在骨子里不喜欢群居，它们是将自身的战斗力强化到极限的陆地掠食者，在面对同体形的动物时，几乎具有压倒性的优势。事实上，多数猫科动物独行侠般的性格使得猫在驯化这件事上变得极为诡异，因为它是人类驯化的唯一一种没有社会观念的动物。

　　长期以来，猫进入人类社会的原因同样让人非常困惑。因为大多数动物被人驯化的时候都是有充分理由的，比如一些牲畜可以作为肉食，而另一些则可以作为劳动力……可是猫似乎哪一点都不太突出，肉少也不太好吃，还没什么劳动能力，独立性很强，更糟糕的是它们几乎只吃肉，对人的态度也比较冷淡，怎么看也不像一个理想的驯化对象。这让人不禁怀疑猫是不是真的是由人类驯化出来的。

　　目前看来，情况很可能正好相反，不是我们驯化了猫，而是猫不请自来，"征服"了人类。

　　猫的祖先可能来自非洲野猫（*Felis silvestris lybica*）。距今一万多年前，人类的农业已经兴起，人们聚集成永久村落，储存粮食。正是这个时候，老鼠来了。大约在距今1.2万年的时候，在新月沃地（今从伊拉克经土耳其到埃及的一个狭长区域），家鼠（*Mus domesticus*）演化了出来。家鼠生活在人类村落中，并在那里打洞筑巢，它们已经完全不同于野鼠，也不会在野外和当地的野鼠发生竞争。之后，黑家鼠（*Rattus rattus*）在亚洲出现，到了距今约5 500年的时候，褐家鼠（*Rattus norvegicus*）也出现了。人类村落成了老鼠的天堂。也许在那个时代，狗真的是抓老鼠的主力——因为狗可能在距今1.3万~1.7万年前就已经被驯化，有关犬类驯化的具体时间的推断，后面我会进一步说明。

　　毫无疑问，大批的鼠类对猫具有致命的诱惑，它们很可能就是因此被吸引到人类村落的。行走于人类村落的猫没有什么破坏性，也不会偷谷物，人们可能是一种听之任之的态度。当人们发现猫会捕食蛇和鼠的时候，还会鼓励它们的这些行为，人们甚至开始亲近猫，也给了猫立足的理由。一些猫看起来也非常可爱，大眼睛、扁平脸和大脑门儿的"毛毛团"非常符合人类的审美标准，有些人可能只是因为猫的长相可爱就将其抱回家中。

　　接下来的问题是，是谁在哪儿最先抵御不了诱惑，把野猫抱回家去的？过去，人们一直认为是大约3 600年前的埃及人。但是，近年来的研究却改变了这一结论。

　　德里斯科尔（Driscoll）和他的团队收集了979份来自家猫和野猫的DNA样本，对其进行了遗传分析。最终，研究结果将这些样本分

成了5个遗传"家系"，其中4个
家系和4个已知的野猫亚种对应
得非常完美，但它们都与家猫无
关。第五个家系中不仅有野猫，
还有全部的家猫，不管是英国、
美国，还是日本的混血或者纯种
家猫都是如此。这说明，第五个
家系中的野猫和家猫的关系最

▶ ▶ 捕捉到老鼠的家猫

近，很可能就是家猫的祖先，它们是生活在中东的野猫亚种。接下来
的研究表明，家猫很可能是在距今约一万年的新月沃地出现的，这个
时间和老鼠的出现时间和地点吻合。考古证据在时间上也支持这一观
点，在距今9 500年前的墓地中也发现了猫骨被埋葬，但是无法确认
它是否属于家猫。这是迄今为止人和猫接触的最早证据，但是地点却
换成了地中海的塞浦路斯岛——还好，距离很近。

接下来，科学家将有关猫的考古发现串联起来，设想了猫继续传
播的路线：大约到了3 700年前，猫在新月沃地可能已经非常常见了，
在那里出土了象牙制成的猫雕像。大约100年后，猫传到了埃及，并
且在2 900年前的时候被神化，成了贝斯特女神（Goddess Bastet）的
化身，被供养和膜拜，它们又迈出了征服人类的一大步。猫的征程从
古中东开始，在距今约2 000年的时候已经辐射到了包括中国在内的
亚欧大陆东西两端。而登上美洲和澳大利亚则是殖民者在400~500年
前完成的。

这个传播路线在地理和时间上似乎非常完美，直到中国科学家出

来说话。2013年年末，中国科学家的论文通过著名的《美国科学院院刊》(*PNAS*)发表，他们在论文中介绍了在陕西仰韶文化遗址发现的家猫尸骸，距今约5 000多年。不得不说，这个时间意外地有点儿早，这不是推翻了前面的观点吗？

　　但是，我国科学家的理由也很充分。首先，这里已经形成了早期的农业文化，有了黍的种植和粮仓，也有老鼠活动的遗迹，似乎老鼠还很泛滥，具备了"喵星人"出现的先决条件。然后，科学家对猫骨进行了分析，这些猫的体形符合家猫的特征，而且这里远离本土野猫——近东野猫(near east wildcat)的分布区域，所以它们应该不是野猫。最具有说服力的是，对其中一只猫的分析表明，它的食物中的肉类比例远小于预期，而是吃了不少粮食。但作为一个卓越的猎手，猫可能没有能力和兴趣长期盗取粮食，这些食物很可能是人喂的！

　　如果确实如此，那么家猫在中国大地上出现的时间就被提前了大约3 000年，也很可能不是沿着古代贸易之路传过来的。当然，这尚不足以撼动现代家猫起源自古中东的结论，毕竟这之前还有4 000多年的时间缓冲，很难说中间发生了什么。难道家猫通过什么特别的途径到达了中国？或者，古代中国人也曾驯化出家猫？

　　现在得出结论还为时尚早，我们需要更多的样本和证据，以及包括DNA分析在内的进一步研究，姑且先让我们认为猫是起源中东的吧。但不管怎么说，我们离真相又近了一步，或者，稍微意外地远了一点儿？

　　无论如何，对于我们而言，研究和观察猫科动物的最佳材料就是家猫。你随时有机会获得一只家猫，并且和它彼此陪伴一段时间。我曾经先后养过两只猫，它们后来都死于误食被人下药毒死的老鼠或鸟。这是两个让人非常悲伤的故事，但几乎难以避免，20世纪小镇的条件根本无法限制它们的行动，而且还必须靠它们对付鼠类。

猫是晨昏型的动物，它们在你睡觉以后和醒来之前是比较活跃的，在这段时间里，它们会溜出家门，开展自己的探险活动。它们的活动范围远比我们想象的大，它们可能会溜出好几条街，甚至跋涉数千米爬上郊外的小山，并在你睡醒之前跑回来。所以，你看到的将是，一只在整个白天都懒洋洋的猫。它们会躲在我那盛满纸和书的箱子里睡觉，或者趴在太阳底下眯着。但这个时候，它们依然保持着警觉，它们的耳朵会随着声源而转动。

通过家猫，我们可以近距离观察到猫科动物的强大。有时候起得早，我会撞见我的猫吃东西——不知道从哪里捞回来的老鼠。你会看到它用锋利的爪子朝着老鼠的肚子划一下，就像拉开拉锁那样，把老鼠的皮大衣脱下来，最后就剩下一张光溜溜、干干净净的鼠皮。猫的捕食技能确实强大，甚至能够一跃而起，用爪子逮到鸟类。

当然，家猫也有吃瘪的时候。那是大概21世纪头几年的事情，我家已经住楼房了，在我们楼外的法国梧桐上住着一窝喜鹊。这窝喜鹊养的一只雏鸟刚开始学习飞行，就掉到了树下。小喜鹊还不会飞，无法回到树上。喜鹊的父母都很着急，不停地飞来飞去。这时候，一只流浪猫发现了这只小喜鹊，十分中意，千方百计想把这只小喜鹊叼走。奈何雏鸟有大喜鹊护着，流浪猫一直没有得逞。

但是，一旦天黑，喜鹊大概就没有办法保护这只雏鸟了。这种情况下，我决定干预一下，把小鸟小心地抱走，看看有没有可能救护一下。但是很对不起喜鹊父母，我没有成功，小喜鹊不幸死去。可能喜鹊父母认为是流浪猫最后掳走了它们的孩子，也可能单纯地把它当作一个威胁——作为鸦科动物，喜鹊的战斗力很强——总之，这只猫之后的日子过得挺惨。只要它出现在喜鹊夫妇的视野中，就会遭到攻击，而它其实并没有吃到那顿大餐。

另一个表明家猫生存能力的例子，来自它们在海岛上的生活。大概从养猫普及开始，猫就被海员们当作船舱的捕鼠能手开始四处漂泊了，也开启了它们在海岛上的攻城略地之旅。通常，由于海洋岛屿很小，动物体形比较小，生存能力也相对较差，流落到岛屿上的猫作为先进的陆地哺乳动物中的佼佼者，几乎不会遇到对手，它们很快就会成为岛屿上的超级猎手。岛屿上的哺乳动物、鸟类、爬行动物以及无脊椎动物很快就会被"喵星人"装进盘子里。根据博诺（Bonnaud）在2011年对72份研究的统计，来自40个海岛上的猫的菜单里至少有248种动物，其中包括27种哺乳动物、113种鸟、34种爬行动物、3种两栖动物和69种无脊椎动物，甚至还有2种鱼。

猫的繁殖能力很强，一次能生下一窝，如果不考虑夭折，一对成年猫及其后代能在7年内繁殖到42万只。于是，这些岛屿很快就布满了猫，猫岛逐渐形成。这些精明的猎手很快便会给脆弱的岛屿带来生态毁灭性的打击。梅迪纳（Medina）等人在2011年统计认为，至少120个岛屿的175个脊椎动物的物种是因为猫而变得濒危的。在世界自然保护联盟（IUCN）的红色名录中记录的238种脊椎动物的灭绝，至少有14%（33种）是猫在各种海岛上干的！这其中有22种充分体现了猫的喜好——鸟。

　　还有更夸张的。新西兰史蒂芬岛上的史蒂芬异鹩（*Xenicus lyalli*）是那里特有的一种不会飞的小型雀鸟，整个物种都被守岛人带上岛屿的那只馋猫吃光了。这是目前已知的绝无仅有的一只动物灭绝一个物种的例子。

　　正是因为有这样卓绝的能力，不止在海岛，在城市和郊外，你随时都会看到流浪的家猫，它们虽然无家可归，但依然洒脱。多数猫科动物都是如此，它们无须集结成群，也能潇洒生活。

　▶　▶　虎是典型的独居猫科动物，它们在生态系统中是顶级掠食者。这头孟加拉虎亚成体从灌丛中冲了出来，试图抓住眼前的水鹿

　　但是，自然不乏例外。其中之一就是猎豹（*Acinonyx jubatus*）。猎豹经常被误以为是豹，但两者是完全不同的。事实上，猎豹和豹的区别，要比虎、狮和豹之间的区别还要大。在所有的大猫中，猎豹是自成一家的。从身体结构来看，猎豹的身体更加修长和轻盈，与其他猫科动物可以将爪子收起来不同，猎豹的爪子是不能收起来的。它们

被磨得很钝，只充当跑鞋的作用，而其他猫科动物还得指望锋利的爪子捕猎呢。它们的生活方式也很不同。多数猫科动物以伏击猎物为主，但猎豹却是追击猎物的。其实，单从豹最醒目的标志——斑点来看，猎豹也是不一样的。如果你细看就会发现，豹的斑点是空心的，而猎豹的斑点则是实心的。除了这一点，猎豹最容易被辨认的特征是眼角存在明显的黑色"泪痕"，从眼角一直延伸到嘴角。

今天，猎豹家族已经衰落了。但在数百万年前，猎豹家族曾经兴盛，如在200万到400万年前，巨猎豹（*Acinonyx pardinensis*）的体重有现代猎豹的两倍，身材如狮子般高大；在大约100万年前，间猎豹（*Acinonyx intermedius*）穿过中国，从印度和中东进入南欧；在美洲大陆上也曾出现猎豹活跃的影子。但是到最后一个冰期，除现代猎豹外，其他所有猎豹物种都灭绝了。现代猎豹很可能是极少数幸存者在挨过了最艰难的时刻后繁衍而来的。今天，猎豹仅分布于非洲中部和南部，在伊朗也有残存。在很多猎豹之间进行器官移植几乎不存在免疫排斥。

今天的猎豹虽然只剩一个物种，但是还有三个色型。其中，最常见的是标准色型猎豹，此外还有体色更浅、斑点更小的撒哈拉色型猎豹和具有条纹状斑点的王猎豹。它们彼此之间有些区别，但总体来讲差别并不大。

猎豹以速度闻名，最高速度可以达到每小时110千米，是陆地上跑得最快的动物。它们特殊的爪子在一定程度上成就了它的名声——在奔跑时，它们的趾甲插入地面，脚底的肉垫上还有一层茧可以抓住地面，这一切构成了两双完美的跑鞋。除此以外，硕大的鼻孔和鼻腔以及鼻内上部的空腔使猎豹在奔跑时可以吸入大量空气，猎豹的支气管和肺比同体形的猫科动物要大，可保证它们不会缺氧。它们在奔跑时的呼吸极快，可以达到每分钟130~150次！长腿也提升了它们的速度。另外，猎豹的速度推进力很大一部分来自异常柔韧的脊骨，以至于在奔跑的时候它们的后腿能够伸到前爪的前面，当后脚着地时脊背伸展，推动前脚跃向前方。它们还有可以当作尾舵的扁平尾巴，能够快速调整奔跑的方向。

▶ ▶ 肯尼亚莱基皮亚，正在追击黑斑羚的雌猎豹

猎豹是少数依靠追击猎食的猫科动物，但它们的最高时速仅能维持大约500米的距离。在这段时间内，它在速度上是无敌的，但之后它们便累了。猎豹依然没能摆脱猫科动物长跑耐力不足的缺点。因此，猎豹也需要在环境的掩护下偷偷接近猎物，然后进行短距离追杀。为此，它们爆发力惊人，有研究人员称其能在两秒钟内从静止加速到每小时55~70千米。但它们未必会成功，它们的主要猎物羚羊也是奔跑高手，并且擅长急转弯。

一旦得手，猎豹会咬住羚羊的喉咙闷上好几分钟，确保猎物已经被憋死。猎豹的嘴巴没有其他大猫那么强劲有力，不能直接扭断对方的脖子或者咬断脊椎。它们不会冒险过早放开羚羊，一旦猎物站起来继续逃跑，它们很可能已经没力气追赶了。

捕获猎物后，猎豹需要马上进食。它们通常没有能力保卫自己的

▶ ▶ 坦桑尼亚塞伦盖蒂，雌猎豹和它的幼崽

猎物，最多会有13%的猎物被狮子或者鬣狗抢走。事实上，猎豹尽量避免冲突，因为一旦受伤，它们就跑不快了，那可能比失去食物更加致命。此外，猎豹也很少吃腐肉，甚至很少返回去吃自己上次吃剩的猎物。这一点，它们和不仅要拖走猎物，还要把猎物挂树上一直吃的豹，也是很不一样的。

猎豹是少有的会组团的猫科动物。与狮子那种少量雄狮加一群雌狮的家族式群体不同，雌性猎豹是独行的，雄性猎豹则会结成团伙。它们在草原上组成了"男团联合体"，也就是全雄群。与有蹄类动物雄性之间那脆弱的友谊不同，关系稳固的雄性动物联合体是猫科动物社会的一大特色。

除了独行的雄性，一些雄性猎豹结成了包含2~4个成员的永久性团体。这些联合体中的主要成员往往有一定的血缘关系，也就是说，通常它们是兄弟。不过，有时候它们也会接纳没有血缘关系的雄性入伙，但那个考验是相当严格的。试图入伙的单独雄性有可能被赶跑，如果赖着不走，则有可能被攻击，甚至造成死亡。即使被收留，在前几年里，新伙伴也是地位最低的那只。它不能离原来的那些兄弟太近，人家一起靠在树荫下，它只能在太阳底下晒着，时不时还要挨揍。大概要经过几年这样的悲惨日子，它才能真正融入这个集体中。

▶ ▶ 南非的猎豹联合体

图片来源：詹姆斯·坦普尔摄

对于猎豹来讲，形成联合体是有巨大的好处的。首先，它们拥有了更强的防卫能力。要知道，联合体是有领地的，它们会驱赶进入领地的其他雄性，也会和其他联合体发生领地争端的冲突。有了领地，才有机会和路过或者停留在领地的雌猎豹交配。虽然没有领地的流浪雄性也有机会和雌猎豹交配，但机会渺茫得多。而且，联合体将有能力捕捉到更大型的猎物。一般来说，一只猎豹很难搞定成年牛羚、长角羚这样的大型猎物，但联合体可以。所以，即使百般不情愿，联合体还是会收留新成员；即使新成员受尽折磨，也还要努力让联合体接纳自己。

今天，就像其他野生动物一样，猎豹的生存同样受到了严重的威胁。猎豹在非洲范围内的数量已经减少了77%，在北非，除了阿尔及利亚南部和埃及，猎豹已经灭绝；在亚洲，只有伊朗还有一个不足

100只的种群。猎豹在全球范围内被认定为易危物种，但在亚洲，则是处于极危状态，随时都可能灭绝。造成猎豹生存状态下降的原因，除了它们的皮毛被觊觎或者担心其危害牲畜而蓄意将其杀死外，还有一个原因是适合它们奔跑的广阔草场越来越少了，人类活动留下来的沟壑和拉网对高速奔跑的它们来说是致命的。希望这些劫后余生的大猫能够存在得更长久一些。

另一种可以组成雄性联合体的猫科动物是狮子。它们形成了猫科动物中最复杂的群体，它们是母系父权的社会，也是草原的霸主。"狮子王"这个名字足以说明它们在草原中的地位。

尽管狮子曾经广布在亚欧大陆，但是随着人类活动的增多，它们的生存空间不断被压缩。今天，除了少数亚洲狮在印度苟延残喘外，非洲是它们最后的乐土。

雄狮颈部的鬃毛是它们的显著标志，这条"围巾"也使它们在热带草原上饱受炎热的折磨。但即使如此，它对雄狮仍相当重要。深色的长鬃毛就如女人的秀发般吸引异性，也能帮它们在雄性中建立起威望。这里面暗含着一个潜在的逻辑——一个拥有如此累赘的家伙仍能健康生存，足见其遗传与体质的优秀。作为唯一一种雌雄两态的猫科动物，雄狮的体形更大，它的体长可以达到2.6米，体重250千克，而雌狮大约只有它的2/3。一个狮群一般由1~6头雄狮、4~12头雌狮，以及若干幼狮组成，总规模一般在15头左右。而大的狮群能有超过30个成员，更小的群体也不鲜见，特别是随着栖息地的压缩，以及近年来在狮子中流行起来的"猫科动物艾滋病"，狮子的总数减少，狮群也在缩小。

▶ ▶ 肯尼亚马赛马拉国家公园的一群雌狮子

因为狮群的大小和地理环境等因素不同，它们的领地面积也有变化，大的可以达到400平方千米，小的只有几十平方千米。狮子用排泄物标记领地，虽然不同狮群的领地边缘难免会有重叠，但只要不是太"过分"，它们彼此还是有一定容忍度的。

一般来讲，狮群中的雌性是比较固定的，它们一生都在群体中度过，往往具有血缘关系。不过，它们偶尔也会接受外来的雌狮。尽管曾经观察到个别雌性被驱逐，但是总体来看，狮群中的雌性成员的组成还是比较稳定的。而雄狮则不同，它们是流动的，成年后的雄狮会离开群体去流浪，击败别的群体的雄狮，试图成为群体的领导者。

狮群体现合作关系的两件重要的事情，一是育幼，二是捕猎。尽管其中的机理还不十分清楚，但同一群体的雌狮往往是同期发情，结果就是，不同雌性产下的同批后代的年龄是相近的。这使得每个妈妈

▶ ▶ 　坦桑尼亚恩戈罗恩戈罗自然保护区，年轻的狮子正在学习如何
　　　杀死牛羚

都能给不同的幼狮哺乳，当有些妈妈去捕猎时，剩下的妈妈就能担当
起所有孩子保姆的角色。

　　在捕猎的过程中，狮子会单独捕猎小型猎物，对于大型猎物则往
往进行合作捕猎。团队中的主力是雌狮，多数情况下雄狮并不插手。
当然，如果猎物太强壮，它们也不会袖手旁观。毫无疑问，狮群也不
会介意打劫其他捕猎者，诸如把豹子撵上树、赶走鬣狗群之类都是常
有的事情。虽然雄狮出力不多，但它们分到的食物却是最大的，雌狮
如果想凑上去分食，往往会招来一顿抓咬。事实上，雄狮76%的食物
来自"吃软饭"，12%是抢别的动物的，剩下的12%才是它们自己捕获
的。在分食的时候，狮群是很讲实力的，年轻的雌狮比年老的要强壮，
后者会表现出相应的顺从。至于幼狮，如果想吃肉，那就排队去吧。

　　雄狮虽然在捕猎上贡献不多，但它们代表着整个群体的终极战
斗力，承担着守护雌狮和幼崽的重任。特别是在面对其他雄狮挑战

的时候，虽然雌狮子偶尔会参战，但最终解决问题的仍是雄狮。

但是，在很多时候，一头形单影只的雄狮很难在草原上立足，它需要形成联盟。这些联盟可以有亲缘关系，也可以没有。但是毫无疑问，具有亲缘关系的父子或兄弟更容易

▶ ▶ 纳米比亚埃托沙国家公园，狮子兄弟在清晨的阳光下热烈地问候对方

形成联盟。这些雄狮一同流浪并捕猎，一同向某个狮群的雄性发起挑战，驱逐它们，接管狮群，然后一同守卫狮群。但是，整个联盟会随着时间的流逝而逐渐衰退，联盟里年长的雄狮会衰老死亡，一些争斗也可能夺取它们的性命，使联盟减员。但仍然生存的雄狮会守护曾经战友的后代成长。终究会有那么一天，年轻的外来雄狮发起挑战，将衰老的雄狮击败并驱逐。再次转入流浪生活的雄狮不得不依靠自己的力量去捕食，或者抢夺鬣狗等其他捕食者的食物，终日伤痕累累。有时候，它们会偷偷溜到偶然出现的流浪雌狮旁边，与之相伴；有时候它们则会潜入别的狮群的领地捡食残羹冷炙，还要时刻提防地盘主人的发觉。它们可能会和其他雄狮再次结成联盟，也可能会形单影只地不停流浪，直到生命的尽头。

▶ ▶　坦桑尼亚的恩戈罗恩戈罗，睡在一起的雄狮兄弟联合体

作为草原上几乎最强大的力量的庇护对象，幼狮表面上集万千宠爱于一身，不愁吃喝，也没有安全问题。但事实是，幼狮的死亡率高达80%，而雄狮生长到成年的机会更是只有10%。它们的日子，远没有我们想象的那么好。

在猎物充足的前提下，雌狮每17~24个月会发情一次，孕期为100~119天。即将生产时，雌狮会悄悄离开群体，寻找自然掩体进行分娩。雌狮每次可以产下2~5头幼崽，初次和末次生产一般会产下1~2头幼崽。刚出生的幼崽只有一两千克重，需要经过3~15天后才会睁开眼睛，之后才会爬。这个时期，幼狮极容易受到其他捕食者的攻击。出生大约6周以后，幼狮的活动能力增强，雌狮会择日将它们带回狮群。

在狮群里，小狮子要过的第一关就是吃奶。虽然别的雌狮会在妈妈外出捕猎的时候照看它们（即使是孤儿也会受到看护），但是雌狮显然是本着"亲生优先"的基本原则来喂奶的，所以幼狮要找机会多吃点儿奶，比如在雌狮睡着的时候。在能够吃肉以后，小狮子则只能吃成年狮子剩下的，大约有1/3的幼狮会因饥饿而死亡。

而且一旦原来的狮王被击败，新来的雄狮会清理掉群体中的幼狮，以便雌狮可以尽快发情，而这会导致一场惨烈的杀戮。在食物严重不足时，狮群也会捕食幼狮。此外，在狮群迁徙的时候，一些幼狮常被抛弃，它们或者饿死，或者成为其他猛兽的猎物。至于雄狮，一旦接近成年，往往会被驱逐，它们中的大部分都会死亡，少数会在野外的环境中锻炼得更坚强，成为未来的王者。

▶ ▶ 坦桑尼亚塞伦盖蒂草原上的斑鬣狗群

丑之诸侯：草原上的鬣狗

　　与狮子的英名相比，鬣狗在非洲大草原上的名声可能不太好，特别是斑鬣狗（*Crocuta crocuta*）。然而，它们却是那里仅次于狮群的食肉动物群体，可以说是草原上的头号诸侯。

　　虽然鬣狗的名字里有个"狗"字，但它们不属于狼和狗所在的犬科，而是属于一个独立的门类——鬣狗科（Hyaenidae）。事实上，相比狗，鬣狗和灵猫的亲缘关系更近一些。鬣狗类曾经相当兴盛，遍布亚欧大陆和美洲大陆，并且出现过一些大家伙。不过，巨型鬣狗类和古人类相处得非常不好，这也可能是导致它们灭绝的一个重要原因。现在，鬣狗科中还有四个物种，除了斑鬣狗外，还有棕鬣狗（*Hyaena brunnea*）、缟鬣狗（*Hyaena hyaena*）和土狼（*Proteles cristata*）。它们主要分布在非洲地区，另外，缟鬣狗的分布地从非洲向东一直延伸至印度。

　　从外形上，你可以很容易地发现鬣狗与犬类的不同之处。最明显的地方是，它们前腿长后腿短，是"前轮驱动"的家伙，这与多数食肉动物"后轮驱动"的情况正好相反。当然，真正使斑鬣狗得名的原因，是它们颈部那显眼的鬣毛。

　　让我们先从土狼说起。目前，土狼的种群在非洲被分割成了南部和东部两个部分，已经互相孤立。在非洲，人们经常会把它和斑鬣狗弄混，不过土狼的体形要小很多，并且更漂亮和可爱。其实它们很好识别，一张"娃娃版"鬣狗脸再加上身上的竖条纹就是它们了。

　　和它们那些凶猛的亲戚不同，土狼几乎不捕食大型猎物，它们白天在洞里休息，晚上才出来觅食。它们的舌头很长，如船桨状，很适合舔食白蚁，特别是收获白蚁（ *Trinervitermes trinervoides* ）。一头土狼一晚上就能吃掉30万只白蚁（约1.2千克）。此外，它们也取食别的昆虫，但对人畜没有威胁。

　　土狼仅会组成很小的家群，也就是形成单配偶的繁殖对，这种繁殖对可以比较稳定地维持2~5年。在此期间，它们会建立领域，面积大约1~2平方千米。它们会非常频繁地用气味进行标记，合作保卫领地，并共同承担育幼责任。不过，由于食物体积小又分散，不需要合作捕猎，所以土狼通常都是单独外出觅食。

▶ ▶ 　非洲南部傍晚，一只土狼出现在了它们最喜爱的白蚁丘附近

缟鬣狗长得有点儿像土狼，但是它们的脸看起来更加成熟。如果用观察人脸的方式去看它们，你大概还能看到一点儿诡异的表情。它们是唯一一种分布区域扩散到了亚欧大陆的鬣狗，但也是被研究得最少的鬣狗。关于它们，目前很多信息都不清楚，一些结论也是模棱两可的。总体上来说，它们喜欢半干旱的开阔地带，这一点和其他鬣狗比较相似。目前认为，它们以捡食有蹄类动物的尸体为主，但也有观点认为它们可以捕杀大型猎物，并可能攻击家畜，但是目前还缺乏观察证据。不过，它们确实被观察到偶尔会捕食小型兽类和鸟类，并且能够撕开大型陆龟等龟类的外壳。但它们显然不是特别强大的猎手，这些家伙多次被记录到偷吃地里的水果和蔬菜。

关于它们的社群记录同样不明确，而且不同的地区似乎存在比较大的差异。在中亚地区，它们被记录到以繁殖对的方式生活，这种组织方式有点儿像土狼。但在肯尼亚，又出现了更社会性的记录，即一雌多雄式的组织方式。一只雌鬣狗最多会和三只雄鬣狗组成群体，这些雄鬣狗之间也不一定存在血缘关系。

▶ 印度古吉拉特邦分布的成年缟鬣狗

图片来源：苏梅特·莫盖摄

至于棕鬣狗，它们是非洲南部特有的物种，社会组织更加复杂一些。棕鬣狗通常由1~5只有血缘关系的雌性组成群体的核心，然后有一定数量没有血缘关系的雄性加入，再加上群体养育的后代，最终组成有4~14个成员的小型群体。有意思的是，尽管过着

▶ ▶ 在南非，一只棕鬣狗猎杀了一只蝠耳狐的幼崽

群体生活，但棕鬣狗是倾向于单独觅食的。这使它们通常无法猎食较大的动物，它们通常捕食小型猎物，也吃植物及其果实，并同样获取腐肉。

相比之下，斑鬣狗就要强太多了，它们也是我们重点关注的对象。

需要特别指出的是，斑鬣狗相当丑，哪怕是和其他鬣狗亲戚相比也是如此。这是造成它们恶名的原因之一，然而事情还不止于此。一般来说，不同的文化对同一种动物会持有不同的观点，或抑或扬，总有些差异。但是，凡是和斑鬣狗接触的文化，没有一个说它们好的。因为尽管斑鬣狗猎杀活物，但它们也喜欢腐肉，喜欢到不拒绝任何尸体，包括同类，甚至有"扒人坟头"的恶习。它们是敲骨吸髓的恶棍，一口牙力大无穷，是唯一一种能咬碎骨头吸食骨髓的哺乳动物。它们还有一副让人毛骨悚然的超级破嗓子——它们兴奋地分食时会发出人嗤笑一样的声音，也会在发情季节发出类似狞笑的声音，而且能传很远。如果这家伙晚上在你家周围晃荡，要想不做噩梦真是太难了。

更让人纠结的是，你很难看出鬣狗的性别来，它们不仅雌雄长得一样丑，连生殖器都类似，甚至雌性生殖器还能勃起，以至于科学家一度认为鬣狗是雌雄同体的动物。所以，在相当长的时间里，人们都认为斑鬣狗是一群只知道吃腐肉的猥琐动物。

由于对斑鬣狗存有偏见，所以直到20世纪中叶以后，人们才发现，它们其实是非常优秀的捕猎者。只不过它们是在夜间追逐猎物，有人清晨发现它们正守着残尸进食，就误以为它们在吃捡来的尸体。事实上，它们有近70%的食物都是自己捕获的，是不折不扣的掠食者。

▶ ▶   坦桑尼亚塞伦盖蒂草原，捕获了猎物的斑鬣狗

斑鬣狗的捕猎技巧相当高超，捕食策略的弹性也相当大。它们能单独捕猎小型动物，也能以群体的形式包围和追杀大型猎物，群体的配合使得它们捕猎的成功率有时能超过狮群，达到30%~35%。这也与它们拥有超过多数动物的强大夜视能力有关。

斑鬣狗的食谱相当宽泛。凡是有机会被它们压制的动物，都可以被装进盘子里，跳鼠可以，长颈鹿照样可以。当然，一般它们还是不太敢招惹长颈鹿。另外，非洲水牛和平原斑马这两种动物也比较不好对付，所以它们一般也不太会招惹。

这就出现了另一个有趣的现象，那就是别的捕食者喜欢的猎物，斑鬣狗也喜欢，即斑鬣狗喜欢各种动物嘴里的猎物。随之而来的就是各种冲突，从别人嘴里夺食或者被夺食。斑鬣狗也成为和其他食肉动物爆发冲突最多的物种之一。总体来讲，斑鬣狗群与多数捕食者争斗的时候是占上风的，群体具有很强的战斗力，猎物被抢的概率只有5%~20%。但是遇到狮群，斑鬣狗往往会吃瘪，甚至会在争斗的过程中被杀死。大概除了狮群会主动去找麻烦，别的捕食者多数都是绕着斑鬣狗走。与斑鬣狗争斗的受害者，包括褐鬣狗、豹子、猎豹和非洲野犬等。

虽然单只斑鬣狗的战斗力已经很强，强大的嘴巴一口就足以造成致命伤，但是在非洲大草原这种强者云集的地方，它们要想安身立命，守住自己的战利品，仍然需要一个群体。一群斑鬣狗通常由5~90只鬣狗组成，成员包括一些成年雌性、它们的后代，以及数只外来的成年雄性。

雌斑鬣狗的身体素质差别很大。地位高的雌斑鬣狗在进食时拥有优先权，能吃到更多的食物，因此它们能更早地怀孕，生育更多的后代。雄斑鬣狗大都是势利眼，它们更愿意接触那些地位高的雌斑鬣狗。科学家通过观察发现，雄斑鬣狗非常清楚每一只雌斑鬣狗在家族中的地位排序，雌斑鬣狗的地位越高，围绕在周围献殷勤的雄斑鬣狗就越多。这是地位高的雌斑鬣狗能生育更多子女的另一个原因。一般来说，地位较高的雌斑鬣狗生育子女的数量是地位较低的雌斑鬣狗的6~10倍。

雌斑鬣狗的发情期一般只有14天。在此期间，它们的性欲非常强，可以连续和不同的雄斑鬣狗交配一次或多次。

斑鬣狗的妊娠期为110天左右，平均每胎生2只，通常在洞穴内生产。刚出生的小斑鬣狗重约1.5千克。小斑鬣狗一出生就能睁眼看东西，它们始终依偎在母亲的身旁。母斑鬣狗出去打猎时将自己的孩子留在洞穴内，小斑鬣狗只有在听到母亲的呼唤时才会走出洞穴。一个半月后，小斑鬣狗的鬃毛开始长出。4个月后，它们的身上就会长出和成年斑鬣狗一样的斑点。

与狮群一样，斑鬣狗群体的主要力量是雌性，它们一生都会待在群体里，彼此之间存在亲缘关系。但是，与狮群中雄性作为首领并且拥有最高地位不同，斑鬣狗群体的领导者是一只强壮的雌性，作为群

▶ ▶ 正在嬉戏的幼年斑鬣狗

体的首领，它享有优先进食权。

　　至于雄斑鬣狗，那是另一种处境。所有的成年雄性都是外来的，这样可以保证整个群体不会近亲繁殖。至于那些幼年的雄性，它们大多数在"青春期"后不久就会离开群体，然后去寻求加入其他群体。这一点倒是与雄狮的情况相似。但是，与雄狮那高高在上的地位不同，在斑鬣狗整个群体中，成年雄性的地位是最低的，它们的进食顺序稳定地排在成年雌性和它们的后代之后。

　　斑鬣狗族群中的下层成员会舔高层雌性的性器官，作为一种臣服的表示。所有族群中的雄性都会舔雌性领袖的性器官，而由于最高层的雄性都在最底层的雌性之下，所以很少会有雌性斑鬣狗舔雄性的阴茎。

　　同狮子、狼、沼狸、矮猫鼬和褐鬣狗等食肉动物一样，斑鬣狗也有领地。这些领地在某种意义上来说对雌鬣狗更加重要，它们在领地内捕猎和育幼，领地是它们的生存资源。从捍卫领地的角度来讲，雌性比雄性更上心，它们更频繁地巡视领地和标记气味。

　　领地时刻会面临入侵的威胁，比如鬣狗群如果在领地的边缘捕获了猎物，相邻的鬣狗群体就会过来凑热闹，于是引发一场争斗。有时候难免会受伤，但是致死现象很罕见。在与邻居的战斗中，雌性也比雄性更倾向于成为领导者，不过鬣狗群体并不是特别热爱侵略"邻国"，它们的冲突频率往往是随着生存资源的减少才增加的。

　　与大多数有领地的食肉动物类似，对于单个的入侵者来说，领地内的雌性更倾向于攻击雌性的入侵者，领地内的雄性更倾向于攻击雄性的入侵者。由于雄性在群体中的地位极低，它们可不敢像雄狮那样做出杀死幼崽的事情来。有趣的是，如果这时候来了其他雄性，即使群体里一只亲生的幼崽也没有，领地内的雄性仍然会奋起"保卫"群体，力图将外来的雄性驱逐。

而外来的雌性则会被领地的雌性主人热情地招呼，因为一旦表现出任何弱势或漏洞，这只入侵者就很可能会回去招来自己的同族姐妹，把原来的主人从领地中驱逐出去。

▶ ▶ 　正在搬运幼崽的狼。犬科动物搬运幼崽的时候往往不像猫科动物那样一定要叼脖子，
　　它们会叼各种地方，包括幼崽的后腿

犬狼诸侯：狼王与犬王

　　如果在动物园饲养狐狸的地方驻足，你有可能会看到它们活动区的地面坑坑洼洼到处是洞，不管是赤狐（*Vulpes vulpes*）还是北极狐（*Alopex lagopus*）都是如此。显然，这些洞出自它们之手，我大概可以想到这些家伙在晚上忘我地打洞的场景。有时候，我禁不住会想，大概正是因为有了洞穴的保护，在犬科动物中，狐狸所表现出来的社会性才会相对来说弱一些吧？当然，这肯定不是唯一的原因。相对其他犬科动物会捕捉大型的猎物来说，狐狸的猎物要小得多——赤狐的猎物包括小型鸟类、两栖动物、鱼、无脊椎动物以及体形不超过野兔的小型兽类。这看起来似乎并不需要合作捕猎。但是，其实我们很难确定这种因果关系——到底是猎物较小而弱化了群体合作，还是群体合作有限才倾向于捕捉较小的猎物？大概是互为因果的关系吧？毕竟自然演化有足够长的时间让这些关系去相互磨合，最终完成物种的塑造。

但是，整体上看，犬科动物是倾向于社会性活动的。各种狼和犬自不必说，哪怕是狐狸，也曾被观察到具有社会性行为。以赤狐为例，它们通常是单独栖息的，而且只有一个配偶，但是在繁殖季节，它们仍然会采取比较灵活的组织方式。在食物充足的季节，它们会组成群体。曾经记录到一只雄狐和5只雌狐组成群体，而且这些雌狐之间可能存在亲缘关系。群体繁殖的雌狐会选择单独的洞穴产下后代，但也可能在公共洞穴内生产。此外，群体中还可能存在"助手"，它们是年轻的雌性，并不参与繁殖，通常是已经长大的后代。事实上，刚刚成年的雌狐作为繁育助手的情况在多个狐类物种中都有记录，如大耳狐（*Vulpes macrotis*）和沙狐（*Vulpes corsae*）等。

▶ ▶ 北京动物园的赤狐，它的周围坑坑洼洼的都是洞
图片来源：冉浩摄

有些狐类的社会性行为可能会更复杂一些，如卢氏狐（*Vulpes rueppellii*）。它们虽然被记录到多数是单一配偶结成繁殖对的，但也曾被记录到聚集成多达15只的群体。达到如此数目，想必是要有更复杂的群体关系的。

当然，毫无疑问，在所有的犬科动物里，最受关注的群体是狼

▶ ▶ 草丛中的大耳狐一家
图片来源：B.彼得森摄

▶ ▶ 埃及沙漠地区的卢氏狐
图片来源：杰斯珀·塞恩内斯耶摄

群。它们的社会性高于狐狸，不仅会结成稳定的群体，还具有很强的生存策略。

我们通常说的狼正是灰狼（*Canis lupus*），这是从我们的祖先开始我们最熟悉的动物之一。由于我们的祖先不断与灰狼接触，无数关于狼的故事流传于世，也造就了灰狼在人类文化中的两面性。它们既是传说中哺育了罗马城的创建者，也是童话世界里惦记着要吃下小红帽的恶魔……它们给我们人类文化打上了太多的烙印，时至今日，它们依然与我们朝夕相处，甚至就在你身边。狗，就是驯化的灰狼，你也可以管狗叫作"家狼"。它们是人类驯化的第一种动物，已经有超过一万年的历史。

就个体而言，狼并非最强大的食肉动物，但它们却拥有食肉动物中几乎最为广泛的生存空间。它们曾广泛分布于包括亚欧大陆和北美洲的北半球陆地，生活环境包括了草原、森林和荒漠，甚至在山地同样也能够见到它们的身影。狼因群体而强大，群体的成员共同防御敌人、合作哺育幼崽并分工捕猎，使它们的生存能力大大提高。

早期对狼群社会结构的认知来自圈养观察。在圈养条件下，狼群出现了非常森严的等级。雌雄头狼（alpha wolf）位于狼群社会的顶层，但是雄性头狼未必一定是最大的首领，这要看头狼中谁更占优势一些。总体上看，整个狼群由头狼强力领导。再往下就是各级亚优势狼，比如乙狼（beta wolf），它们一方面是协助头狼的副手，另一方面则对头狼的位子虎视眈眈，毕竟头狼握有绝对的交配权和优先的进食权，而乙狼恰好离这只有一步之遥。然后接下来是丙狼、丁狼，依次类推……它们的等级在幼年的时候就已经通过游戏和争斗等确定了。

而地位最低、永远捡剩、只能吃残羹剩饭并且几乎没有交配权的那一级别被称为"亥狼"（omega wolf）。它们有时候会悲惨到实在没有办法在狼群中待下去，而不得不离开狼群，出走成为独狼。

▶ ▶ 两条正在雪地里争斗的狼

但是，圈养条件下，动物的行为会有一定程度的扭曲。越来越多的野外观察显示，自然状态下的狼群环境会更温馨一点儿。

在自然条件下，狼群更多时候以家群的形式出现，也就是一对配偶再加上它们的子女，彼此的关系要缓和得多。通常，一对成年狼每年都会产下后代，而小狼大约从4个月大起就能独立生活，再过几个月后就完全拥有了成年狼锋利的牙齿。但是，很多时候，它们仍然会和父母继续一同生活几个月到几年的时间，然后才会离开狼群，去组建自己的家庭。一般来讲，狼群的食物越丰富，可以捕获的猎物越多，这种关系维持的时间往往就越长。它们将在父母的调教下，逐渐成长为真正成熟的狼。

狼群的大小会随着子女的离开而发生变化，这些离开群体的行为通常与领地食物资源的多寡有关。在食物丰富的时候，离开群体的狼很少，从而会形成三四代子女聚集在一起的大型群体。在冬季，它们也有可能会和其他狼群汇合，聚集成更大的群体。目前，最大的群体记录是42匹狼。

　　而影视作品和小说里动辄几百匹规模的狼群，还是夸张了。即使在狼的全盛时期，应该也是不存在的。更大的群体需要首领具有更强的控制力，同时也需要更大的领地范围和更多的猎物。可以想象，成员数量越多，群体稳定存在的难度就越大。而当代，灰狼的分布范围急剧缩小，数量也减少了很多，狼群规模比原来小了不少。甚至有时就是两匹成年狼带着一窝小狼的状态。算上幼狼，超过10只规模的已经算是很少见的大群了。它们更不会像影视作品中描绘的那样顶着子弹发起冲锋，密集的枪声足以将它们吓跑。

　　而一些与狼遭遇的人也可能会夸大狼群的规模，特别是在夜晚的时候。狼群具有出色的协同和战术配合能力，它们擅长包围对手，然后轮番上阵，消磨对手的体力和信念，最后给予致命一击。在夜晚，来自四面八方的幽幽眼神足以给人带来极大的压力，甚至有可能造成精神恍惚，从而引起误判。

　　你真的会看到它们的眼睛闪着幽光。那是因为在灰狼的眼睛里，视网膜后面有一个镜子一样的照膜（tapetum lucidum），它可以把光线反射回视网膜，起到聚光的作用，以便在夜晚看得更清楚一些。同时，为了增加光线的进入量，它们的瞳孔也会放大。这时，我们就会在黑夜中透过灰狼的瞳孔看到这面"镜子"反射出的光了。

　　即使狼拥有卓越的夜视能力，漆黑的森林或漫漫黑夜仍然会遮蔽远方的视野。此时，声音才是最便捷有效的沟通手段，不管是白天还是黑夜，它都能发挥作用。狼就是用嚎叫来联络的，这也是狼最鲜明的标签。狼通过声音来确定彼此的位置，一匹失散的狼会时不时嚎叫，因为它在期待狼群的回应。

而那些聚集在一起的狼也会"集体合唱"，每匹狼都有自己独特的声音，有自己喜欢的音域，它们似乎并不喜欢和同伴发出相同的音。偶尔出现这种情况，它们便躁动起来，直到恢复到不和谐的状态。这多少与"合唱"的初衷有关，狼嚎既是一种与其他狼或家族的呼应，同时又是捍卫领地的警告，不断变化的音调似乎是在制造更大的声势，使那些觊觎领地的狼群感受到土地主人的强大和兴盛，从而打消念头。但是有时，一些"合唱"看起来似乎只是在百无聊赖时找点儿乐子。

现在，寻找狼群的动物学家也学会了狼嚎。如果附近有狼群，它们一般都会回应。这样，动物学家就可以循着声音，偷偷摸摸地到狼群附近去进行观察研究了。不过，前提是他们学得要像，否则还是带上录音机吧。

不过，今天你已经不容易遇到狼了。狼的减少与人类的活动有关。一方面，我们的扩张压缩了它们的栖息地；另一方面，由于狼能对人和牲畜造成威胁，所以自从人类能够战胜狼以来，打狼运动就几乎没有停止过。仅在美国工业大开发时期，就有大约两亿匹狼被打死。

但狼对自然界来讲，其实是有用的，甚至对食草动物群体也是如此。因为狼群清除掉了那些老弱病残的动物，能够帮助食草动物群体保持活力，也减少了疾病暴发和扩散的风险。有了狼群的控制，也可以避免食草动物过度繁殖，防止当地的植物被过度啃食而造成环境的破坏。

典型的例子出现在美国黄石国家公园。1995年前，黄石的狼几乎绝迹。没有了狼，鹿繁衍起来了，它们数量过多，啃咬树木和草地，不仅植物损毁严重，还导致了其他食草动物食物匮乏。于是，鹿群陷入了饥饿和疾病的困境中，同时出现了大量"富贵病"，肥胖症、脂肪肝、高血压、胆结石等困扰着鹿群。看来鹿的生活太安逸了，美国人决定把狼请回来。1995年1月，14匹狼来到了黄石。一年后，又有17匹狼被运到了这里，狼群的到来使鹿的数量终于得到了控制。现在，鹿从两万头下降到约一万头，森林和草地又恢复了勃勃生机。

虽然我们可以承认狼给生态系统带来了好处，甚至羡慕动物学家学着狼叫去追踪它们的活动，但多数人并不想和狼遭遇，因为它们相当危险。

尽管狼是家犬的祖先，但我们必须把两者区分开。事实上，狗处于一种"幼狼"状态，它们的心智不够成熟，也达不到狼的战斗力。虽然有人鼓吹"一獒战三狼"，但那并不是事实。也许大型獒犬能够战胜体重20千克的草原狼，但那是因为体重占有优势。如果换成同体

▶ ▶　狼一边咆哮，一边做出威胁姿态

形的北美灰狼，那就是另一种情况了。家犬再强，终究只是家犬。

在相同的体重条件下，狼的吻部更长，犬齿也更长，它们的咬合力是家犬的两倍，足以咬断骨头。在战斗中，狼更加冷静和务实，也更加坚韧，它们经过了大自然的生死洗礼。狼那种一声不吭、略微低头、紧盯着对手、一步步靠近的姿态，那种压迫感，你很难在狗身上感受到。一旦遭遇，狼的危险性是狗的15倍。法国是拥有狼袭击记录最多的地方，从1200年至1920年，那里共记录了7 600次致命的攻击，主要的受害者是儿童，其次是妇女，最后是成年男性。这些记录是如此频繁，一些非常著名的攻击事件发生的时间都非常接近。如1765年，在2天之内，法国北部的一匹狼造成4人死亡，14人受伤。而另一匹狼在1764至1767年间，共在法国袭击了210次，杀死113人，造成49人受伤。当它被杀死后，在它的肚子里还找到了正在被消化的人体残骸。

凝视　　　　　　防御性威胁　　　　　　进攻性威胁

▶ ▶ 　狼的威胁性姿态
　　　图片来源：冉浩根据资料重绘

今天，由于狼在很多地方的数量急剧减少，甚至绝迹，主要攻击事件的发生地已经有了变化。目前，狼的攻击事件主要发生在印度及其周边地区，从20世纪50年代到2002年，那里有200多次攻击记录。1981年，在印度北部贾坎德邦哈扎里巴的一座小镇周围，5匹狼组成的小群杀死了13名4~10岁的儿童，并造成13人受伤。除此以外，近年来，在世界多个国家仍不时有狼攻击人的记录出现。狼的可怕超过了你的想象。

一旦狼发动攻击，通常都不会有所保留，它们倾向于致命性攻击，力争一次解决对手，除非对手的体形大到无法一次杀死。它们通常会攻击颈部和面部，根据视频记录，一旦攻击得手，它们能在10秒钟之内放倒一条和自己差不多大的狗。人如果遭遇上，估计情况并不会好多少。

它在发动攻击的时候，可能会伏击，就像狮子或者老虎那样，压低身体，紧贴着地面，然后猛扑上去。诺亚·格雷厄姆（Noah Graham）描述了他在美国明尼苏达州卡斯莱克野营时被袭击的感受：

> 大概凌晨4点半，我正（躺着）和女朋友瑞秋（Rachel）聊天，我感到什么东西咬着我的脑后。我可以感受到牙齿，但没有看到或听到什么。瑞秋在我说话的时候一直看着我，她正好看到狼咬了过来。
>
> 我向后摸去，双手摸到狼的嘴巴。我无法用语言描述当时的状态，我的脑中一片混乱。我奋力挣扎，手到处乱抓，从它的嘴巴到它嘴巴的附近直到它的脸部，我用手使劲儿挤压它的头。突然，我抱住了它的头，它的头使劲儿向外。我没能掰开它的嘴巴，但我用力抓住它的头，然后把自己的脑袋拔了出来。

挣脱以后，我迅速跳了起来。它距离我大概两米多，正在前后移动，并且大声咆哮。它的毛竖起来，看起来真大。它长得有点儿像郊狼，但是更大……

我想这匹狼会继续攻击我或者瑞秋，我开始踢它并且大喊。瑞秋最开始的时候躲进了毯子里，看我又踢又喊，转身跑向了吉普车……

最终，狼转身跑进了树林，格雷厄姆在简单包扎以后，前往医院就医。事实上，他和女朋友聊天的睡姿救了他——他侧躺着对着女友，用头枕着胳膊，双手交叉在脖子后面，这个休闲的姿势正好保护了他的脖子。狼从他后面的视觉死角进攻，只能咬到他的后脑。如若不然，他大概没有机会讲述这段遭遇了。

当然，如果是一群狼，情况就糟糕了。它们可以偷偷完成包围，然后从包括正面在内的各个方向发动攻击。所以，我们一方面应该爱护大自然，保护自然中的物种，另一方面，对个人而言，在没有做好充分准备之前，请保持安全距离。

尽管狼群很强，但它们并非不可战胜。它们大概只能称为诸侯，因为王者另有其人——虎。以西伯利亚地区的灰狼和虎为例，前者体重大约40千克，后者体重在200千克以上，两者体重相差数倍。而老虎的扑击能力更强，咬合力更强，出爪更迅猛，在一对一的战斗中具有压倒性优势（甚至在相同体重下对雄狮也具有优势），而且有能力将狼群冲散。虽然目前还没有人在野外记录到老虎冲进狼群或者狼群围攻老虎的视频资料，但是一些研究能让我们嗅到一些线索——在俄罗斯远东地区，豹（*Panthera pardus orientalis*）和猞猁（*Lynx lynx*）等大中型食肉动物都有被老虎活捉捕食，装进老虎的餐盘里的记录。像这类一种食肉动物以填饱肚子为目的猎食另一种凶猛食肉动物的行为，只有虎才会经常这么干。并且在那一地区，还有三次虎一对一杀死狼的记录，虽然记录并没有指明虎是不是最后要吃掉狼。

同样在俄罗斯远东的老爷岭自然保护区（Sikhote-Alin Zapovednik），那里同时存在灰狼和东北虎，这让人们对狼虎之间的关系研究得非常透彻。在那里，狼和虎的生存区域交叠，竞争几乎相同的食物，纷争不断。以独行侠著称的老虎和狼群较量的结果是什么呢？下图可以告诉你答案。

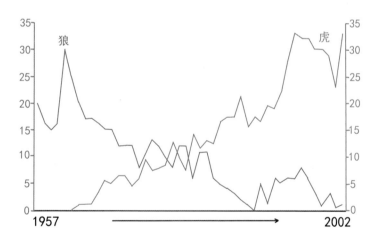

从图中我们看到：怎一个惨字了得！从20世纪60年代开始，这里开始有虎活动，之后狼群完败。尤丁（Yudin）等人认为，狼群会主动避开老虎的领地，虎多了，狼的生存空间就会被压缩。事实上，

多数情况下，狼群都不愿和虎豹发生正面冲突。而米凯勒（Miquelle）等人则认为，这还不足以解释狼为什么会衰弱到如此程度。他们认为，可能的情况是虎还会捕食狼。虽然他们的推测尚未被证实，但虎确实会冲进豺（*Cuon alpinus*）群抓捕猎物，如入无人之境。豺是狼的亲戚，体形比狼小，也是虎的口中食。如果上述推测为真，那老虎冲进狼群去抓鲜肉的场景就可能真的在森林中发生过了。

　　狼群虽然具有很强的社会组织性，但它仍不是犬科动物社会性的极限。非洲野犬（*Lycaon pictus*）的社会性要超过狼，它们很可能是社会组织水平最高的大型食肉动物，在一定程度上已经接近于真社会性了。

　　非洲野犬也叫非洲猎狗，它们在犬科中自成一系，也就是非洲野犬属（*Lycaon*），目前仅存一种，分布在撒哈拉以南的非洲。它们的耳朵不仅大，而且圆，这使它们既能获取细微的声音信息，也能够散

▶　▶　赞比亚卢安瓜国家公园的非洲野犬

发掉身体多余的热量。虽然每只非洲野犬的花纹都有所区别，但是它们一般在脑门上都有一道黑色的竖线，同时长着一个白色的尾巴尖儿。它们的身体比较花哨，所以也叫彩狼（ornate wolf），还有人管它们叫三色野犬，因为它们的身上主要包括了黑色、黄色和白色三种颜色。

从体形上看，它们肩高75厘米上下，体重20~25千克，雌雄个体在体形上几乎没有区别。把非洲野犬称为野狗是挺合适的，尽管它们不是真正的狗，但体形差不多正好是一条中型犬那么大。同时，非洲野犬也是非洲最大的犬科动物，而另一种声名狼藉的动物——鬣狗，并非犬科动物，而是属于鬣狗科。与其他犬科动物相同，非洲野犬是肉食性动物，并且在非洲大草原上磨炼出了相当强大的狩猎技能。在东非，它们的主要食物是汤氏瞪羚，而在非洲的中部和南部，它们的猎物则变成了黑斑羚、小苇羚、水羚、驴羚和跳羚等。非洲野犬的寿命大约10年，根据洛里·赫比森·弗雷姆（Lory Herbison Frame）等

▶ ▶ 　正在休息的非洲野犬群体

人在坦桑尼亚塞伦盖蒂大草原上进行的长达12年的研究记录，一些长寿的非洲野犬在野外能活到11岁。

弗雷姆等人一共识别出了12群非洲野犬，其中一群非洲野犬的活动范围为1 500~2 000平方千米，并且和周围的野犬群体有地域上的重叠。根据他们的统计，这些非洲野犬群体平均包括大约9.8个成员，其中，成年个体平均为6.0只，幼犬数量平均为8.8只。典型的群体包括若干具有亲缘关系的雄性、一只或几只雌性，以及群体繁育下的幼犬和年轻成体。其他人的研究与其基本类似，如克鲁克（Kruuk）和特纳（Turner）在塞伦盖蒂草原发现的群体平均大小为9.2，而夏勒（Schaller）的统计为9.8。在其他地方，如来自南非克鲁格国家公园的数据为8~11只，卢旺达阿卡盖拉国家公园为平均11只。由于现在非洲野犬的数量大为减少，它们的群体规模也大为缩水，据说在其繁盛的年代，可见上百只野犬组成的大型群体。事实上很多时候，我们已经无法想象一两百年前的那些博物学家行走在野外时所见到的景象了，那些在当时看来极为常见的物种，可能在今天已经变得稀有，甚至绝迹了。同样，动物的群体较之当时也大为缩水。也许，当时真的存在非洲野犬组成的壮观群体吧？

不过，以目前所掌握的信息来看，过于庞大的非洲野犬群体似乎也不太容易组织起来。这要从它们的社会组成说起。

多数哺乳动物群体都是成年雄性脱离群体外出闯荡，留下具有亲缘关系的雌性群体。但非洲野犬正好相反，它们形成了具有亲缘关系的雄性群体，而所有新成年的雌性会离开原来出生的群体，然后进入其他群体中。这种群体组织形式与母系氏族相反，而是一种父系氏族

▶ ▶ 　南非克鲁格国家公园，两只非洲野犬在犀牛旁边嬉戏

（patriline）了。

在这个群体中，存在优势繁殖对，也就是阿尔法雌性和阿尔法雄性。在群体中，它们具有更多的互动，经常会用尿液来标记地点。这两只野犬会威慑同性的成员，迫使它们放弃生殖权。这个制度显然要比狮群更进一步，对群体其他成员进行生殖压制是走向严密社会体系的路径。在狮群里，虽然其他雄狮被驱逐，但是雌狮的繁殖力并未被压制，也不存在优势雌性对其他雌性的生殖压制。换言之，至少群体内所有雌性的生殖权并未被剥夺。这一点，在猴王统治的猴群里也是类似的。但是，在非洲野犬群体中，不论群体的大小，只有一对野犬握有繁殖权，虽然偶尔有打破戒律的个体，但大体上是这样的。这样的制度的结果，从本质上来说，是让群体的其他成员为优势野犬的生育而努力，已经极接近后面提到的真社会性动物了。但是，很遗憾，它们还未成为真社会性动物，因为它们还缺乏更加严密的分工——优

势野犬虽然掌握了生育权，但是它们仍然在做和其他野犬一样的工作，并没有成为完全不同的生殖品级。

而且，生殖权的获取似乎也不是特别稳定。根据弗雷姆等人的持续观察，阿尔法雌性的地位更加牢固，它们很少失去位置，不过次位的雌性则有可能通过争斗而改变排位。至于阿尔法雄性，它们的日子就不太好过了，它们经常受到挑战，并且比较容易失去自己的位置。

如果人类没有出现，而是再给非洲几百万年独立发展的时光，也许非洲野犬就会变成地球上第一种具有真社会性的大型食肉动物。但是很遗憾，人类的崛起消灭了这种可能，生物演化也没有如果。

▶ ▶ 博茨瓦纳乔贝国家公园，一群非洲野犬在水边休息

这种并不完善的社会性将限制非洲野犬群体的大小——优势繁殖对是群体事实上的领导，它们决定群体的迁徙方向，领导狩猎，不断应对挑战者的威胁，它们为群体的发展殚精竭虑，同时又小心提防挑

战者。这消耗了太多的精力，其结果是繁殖对很难统御过大的群体，大型群体也最终将走向分裂。而在当代，非洲野犬的分群已经被观察到。弗雷姆等人观察到三次，埃斯蒂斯（Estes）和谷阿达（Gooada）也在坦桑尼亚恩戈罗恩戈罗自然保护区观察到过。通常是低位的雌性出走，它们往往是处于发情期，这会吸引一只或者几只雄性一同离群，从而组建新的群体，也就是分群（group fission）。

群体能够由一头雌性来控制生殖权的另一个重要原因，就是它们卓越的繁殖力远超草原上的其他食肉动物。阿尔法雌性一次可以生下2~19个后代!

阿尔法雌性没有能力自己照顾所有后代，所以群体的其他成员要帮忙照看这些后代。有趣的是，在群体中，即使其他雌性没有生育后代，也能产生乳汁，充当奶妈，这在哺乳动物中很少见。与非洲狮群先由成年个体进食不同，非洲野犬的幼体享有优先进食权，它们确

▶ ▶ 守卫犬和幼犬

实是食肉动物中的另类。但这也可以理解，因为很多更加纯粹的真社会性动物都是这样，对成年个体来说，后代才是群体的希望。大约从第3周开始到第12周，野犬宝宝会接受成年野犬反刍的肉类；第9~12周，它们开始捕杀一些容易到手的猎物；它们在13~14周大的时候，才会成为一名出色的猎手。

事实上，非洲野犬的社会组织可能比我们想象的还要复杂。比如在群体中出现伤员的时候，总会有一只野犬出来担任"医务人员"，它为"病人"舔舐伤口，确保它能吃到食物。在这个社群中，每个成员都有自己的工作，让合适的人做合适的事情似乎是非洲野犬们的信条之一。如曾记录到一只野犬在捕猎过程中总是出岔子，起不到什么作用，于是它很快就转换了角色，当起了狗宝宝的临时保姆。

非洲野犬是出色的猎手，它们捕猎的成功率高达80%，而狮群只有30%。它们使用的也是犬科动物群体的传统捕食技巧，即耐力加耐心，最后再带上那么一丝狡黠。它们可以在每小时66千米的速度下追击10~60分钟，而且群体成员会轮番上阵，拖住猎物。它们深知羚羊等动物"之字形"的奔跑逃生策略。在追捕过程中，所有成员形成一个扇面形，因此无论羚羊转向哪个方向，都无法逃脱它们的控制范围。羚羊的耐力远不如野犬，它们的交替冲锋给羚羊很大的心理压力，使羚羊往往越跑越慢。野犬有时也会耍一些小聪明，比如派出一支小分队悄悄从侧面迂回，埋伏在猎物的逃跑路线前面，准备突然"下闷棍"。非洲野犬确实有能力进行复杂的布置，有研究称它们在捕猎过程中可以发出16种不同的声音，甚至可能会使用一些我们听不到的低频声音，也许气味也代表着一些信息。

一旦捕猎成功，非洲野犬必须尽快将猎物肢解吞下，因为周围有很多虎视眈眈的觊觎者，比如狮子和鬣狗，它们随时准备抢夺这些食物。所以，一切都要越快越好。一般说来，一只成年的非洲野犬可以吞下大约3~4千克的食物。但这并不属于它们自己，而是属于群体，这些野犬继承了犬类的反刍行为，并且将其提升到了成年个体之间。它们可以将胃里的食物吐出来，喂给群体的其他成员。这一行为在哺乳动物中并不多见，可是在真社会性动物中比比皆是，有时候我们也会用另一个词来形容——反哺。

不过，今天非洲野犬的处境并不乐观，一方面是因为栖息地的碎片化，另一方面是因为人类的捕杀和犬类疾病的传播。那些曾经规模壮观的野犬群体，已经逐渐淡出人们的视野，取而代之的是一些小规模的群体。而这对高度依靠协作的非洲野犬来说，意味着雪上加霜——群体会有人手分配的困难。

在进行捕猎时，群体至少要分成狩猎犬和守卫犬两部分，前者负责狩猎，后者负责照顾幼犬。虽然非洲野犬的繁殖力很强，但是幼犬成活率不高，狮子和鬣狗等食肉动物都会袭击非洲野犬的幼犬。守卫犬需要喂养幼犬，并驱赶捕食者或者向狩猎犬发出警示，召唤其回防，在遇到其他威胁时，还要肩负起转移幼犬的职责。当守卫犬力量不足时，幼犬的成活率会大受影响。对于狩猎犬来说，较少的成员数量意味着不能捕获更大的猎物，而且在捕获猎物之后，不能很快地将其分食吞下。它们也更不容易守卫住自己的战利品。而少一只犬，还意味着少带回一份食物。法兰克·库尔尚（Franck Courchamp）等人的研究估计，一个非洲野犬群体，至少要有5只成年犬才能维持得住，不能再少了。

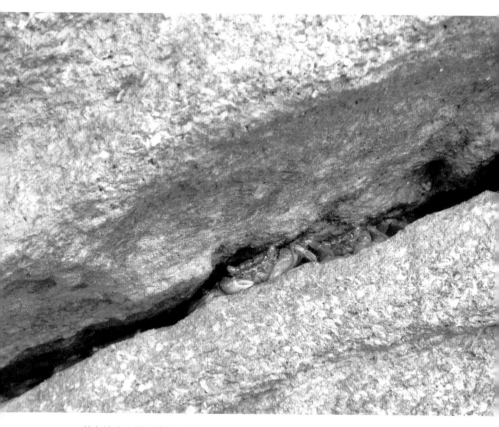

▶ ▶ 就在这小小的石缝里，藏着不少小螃蟹

图片来源：冉浩摄

虾蟹王国：珊瑚丛中的神秘国度

5月的一天上午，我走在海南儋州古盐田的小路上，这里是古代盐场，已经有上千年的历史了。小路的两旁散布着大丛的野生仙人掌，这些仙人掌是明代的文人骚客引入到我国的，之后成为入侵物种。今天，它们似乎已经融入了这里的生态环境。我们离海岸已经很近了。在一块火山岩的石缝里，我发现了有趣的东西——一小窝略呈紫色的蟹。我低头看着它们，它们也从石缝里谨慎地盯着我。

我可真够幸运的。清晨的时候，我偷偷溜出宾馆，跑到了野海滩，在退潮后的海滩上看到了成片的独居蟹的巢群。它们每只都挖出了一个巢穴，然后把沙子做成小团丢到外面，布满了整片海滩。现在，我在古盐田遗址又看到了聚集在一起的蟹。是啊，甲壳类动物虽然自成一系，但它们并不完全排斥共同生活，至少在很多情况下，共享石缝是完全没有问题的。

▶ ▶　海岸上的蟹巢与巢穴的主人
　　图片来源：舟浩摄

　　事实上，包括虾蟹在内的甲壳动物是相当多样的动物类群，它们包括了从必须用显微镜才能看清的海洋浮游动物，到庞大的巨型蟹类等不同体形的动物。它们占据了地球上最广泛的生态环境，从大洋的底部一直到高山和沙漠。当然，如此多样的甲壳动物同样产生了多样的生活方式，特别是在虾蟹等软甲亚纲的甲壳动物中，从独居到繁殖对，再到小群，甚至更为复杂的群体，我们都能够从中找到案例。

　　很多情况下，社会性的产生与亲缘关系有关。它们通常是从家庭开始的，也许是母子家群，也许是繁殖对。毫无疑问，虾蟹中同样存在这样的情况。

　　美洲牙买加雨林的凤梨蟹（*Metopaulias depressus*）是种暗红色的小蟹，它们是完全的陆生螃蟹，生活的环境有点儿特殊——它们生活在凤梨水塘里。凤梨水塘是一种很特殊的微生境。在美洲的雨林中，很多凤梨科的植物都是攀附在别的植物上的，水和养分主要靠上层掉落。这个类群的植物形成了一个传统，它们会用叶子围成同心圆收集一些生活资源，比如水。于是，在这些植物的基部就会形成一个小小的水塘，这样的凤梨科植物也被称为积水凤梨（tank bromeliad）。在这些水塘里，你有可能会找到很多动物，比如昆虫、蜘蛛、蝎子、蝾螈、蛙和蛇等，当然也包括蟹。

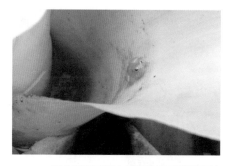

▶ ▶ 一只生活在凤梨水塘里的毕氏残胸毒蛙（*Colostethus beebei*）
图片来源：伊恩·麦肯齐摄

凤梨蟹妈妈需要一个比较大的水塘。它们通常会占据一株大一点儿的凤梨植物，通常是直径超过 1.5 米的巨凤梨（*Aechmea paniculigera*），那里可以存下足够多的水，足足超过 4 升。

在牙买加的科克皮特地区（Cockpit Country），繁殖始于 12 月，一直到来年 1 月。雄

▶ ▶ 巨凤梨（*Aechmea paniculigera*）
图片来源：WereSpielChequers/wikimedia

蟹会离开自己栖息的较小的水塘，去寻找雌蟹交配。大约 1 月份，交配后的雌蟹开始产卵，根据雌蟹体形的不同，它们会产下 20~100 枚卵。然后，雌蟹会把这些卵携带在肚子下面，发育 10~12 周，然后孵化出来。所有的幼体会被释放到其中一片叶子基部的水域里，那里大

▶ ▶ 凤梨蟹和它的幼蟹
图片来源：冉浩根据资料绘制

概有240毫升水。大约13天后，它们就长成了真正的幼蟹，可以到处爬了。但它们还得继续在母亲的保护下生活。

母蟹尽心尽力地抚养后代。它们会移去水塘里腐烂的叶子，防止水中的含氧量因此降低。它们也会把蜗牛壳丢进水里，一方面调节水中的pH值，另一方面增加水中的钙质含量。它们还会捕捉蜚蠊和马陆喂养后代，杀死大腹豆娘（*Diceratobasis macrogaster*）的幼虫，后者同样生活在凤梨水塘中，对幼蟹构成了威胁。

大约三个月后，幼蟹开始向其他叶子迁移，之后还要至少一年才会彻底离开母亲的水塘。野外调查显示，凤梨水塘中可以容纳大大小小多达84只凤梨蟹，但其中哺育后代的只有一只雌蟹，很可能它就是巢穴里的母亲。在另一些巢穴中，还发现了一些已经达到了繁育体形但未哺育后代的雌蟹，它们可能是还未离巢的雌蟹，也许能够起到助手的作用。

还需要特别指出的是，野外实验表明，雌凤梨蟹会保卫自己的水塘，向入侵的凤梨蟹发动进攻，即使后者比它们强壮。雌凤梨蟹能够识别出自己巢穴中那些较大的凤梨蟹，把它们和外来的家伙区分开，哪怕它们都差不多大。不过，雌凤梨蟹不会攻击那些很小的外来幼蟹。这说明虽然也许不够完备，但凤梨蟹还是有一定的亲缘识别能力的，这已是相当高社会性的特征了。

我们再以虾为例来看看繁殖对。虾蟹虽为同类，但相比蟹，虾的尾部更加发达。在珊瑚丛中，有一种很出名的虾叫猬虾（*Stenopus hispidus*）。它们在太平洋的分布很广，在我国的台湾和海南等海域都有。这种虾是非常有名的清洁虾（cleaner shrimp）之一。

在海洋水族中，具有清洁职能的鱼虾是相当受到尊重的。它们能够为其他鱼类清洁身体表面的寄生物和溃疡等，经常会有鱼类光顾它们的清洁站——当然，这是互利的，顾客的身体健康了，护理师也吃到了食物。猬虾也是如此。

猬虾是能够结成稳定繁殖对的一种虾。即使在非繁殖季节，它们仍然可以一同生活，共享巢穴。有证据显示，它们能够将自己的配偶和陌生的同类区分开，即使它们分离了六七天的时间。这种能够相互识别的情况，在结成繁殖对的海洋甲壳动物中并不罕见。

▶ ▶ 印尼海域，珊瑚丛中的猬虾繁殖对

　　当然，我个人认为，在虾中最让人着迷的类群是鼓虾，也叫枪虾。鼓虾并不怎么受水族爱好者们的欢迎，我曾经想养几只鼓虾，但很快就被朋友劝阻了。因为，就如名字一般，它们太吵了。我的朋友正告我："你如果晚上想睡觉的话，就不要养这玩意儿。"

　　它们吵闹的根源来自粗壮的螯肢。这是个非常神奇的结构，每只鼓虾都会有一个很大的螯肢，长度甚至可以达到它体长的一半。这个螯肢的掌节的可动指有一个突起，而不可动指内则有一个凹槽，它们之间存在着匹配关系。当螯肢快速闭合时，一部分水就会被从凹槽里强有力地向前挤出去，形成高速水流。这些高速水流，突破了物理学上的气蚀条件，从而瞬时产生一个空泡，然后空泡会被周围的水迅速压扁，空泡塌缩点的产生温度可能会达到5 000开氏度，也就是4 700多摄氏度，同时产生强烈的冲击波，并伴随着清亮的响声。鼓虾的这种空泡攻击足以瞬间杀死与自己体形相仿的猎物，是相当厉害的手段。

　　鼓虾也是具有复杂社会行为的动物类群，它们能和其他物种共栖。一个很经典的例子是吉达鼓虾（*Alpheus djeddensis*）和斜带栉眼虾虎鱼（*Ctenogobiops aurocingulus*）之间的故事，它们生活在印度洋–西太平洋海域。

　　吉达鼓虾是个挖洞建巢的好手，虽然它们有空泡武器傍身，但它几乎是全盲的。因此，一旦离巢活动，很容易受到攻击。而斜带栉眼虾虎鱼则正好相反，它的眼神不错，但是打洞技术很糟，

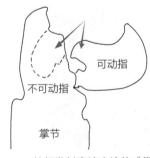

不可动指　　可动指

掌节

▶▶　鼓虾发射高速水流的"掌上扳机"
图片来源：冉浩绘

缺乏一个可以栖身的巢穴。于是，在漫长的演化过程中，两个物种达成了共识。鼓虾负责建造巢穴，斜带栉眼虾虎鱼负责提供预警支持。在外出活动时，鼓虾的一个触角会搭在虾虎鱼的尾鳍上，虾虎鱼通过扇动尾鳍来向同伴发出预警。在夜晚，鼓虾会封闭洞穴，让大家都可以安心休息。

在这个洞穴中，可能有一只虾和一条鱼，也能有多只虾和多条鱼混居在一起，形成一个小小的群体。

▶ ▶　菲律宾群岛海域，这对搭档准备出门了

然而，最让人兴奋的事情发生在1996年。那一年，埃米特·达菲（Emmett Duffy）在伯利兹的一处珊瑚礁的礁脊外打捞出的海绵孔洞中找到了一个鼓虾新种。在这里，这种鼓虾并不少见，他一共从海绵中获取了30多窝。

这些虾群有大有小，成员数量从3到313只不等，平均数量大概是100多只。但这些虾群中总是有且只有一只怀卵的生殖虾。换言之，这些虾群中很可能存在一个女王，而这个女王也可能只有一只雄性伴侣。它们是整个群体的繁殖阶层，而其余的成员都是它们的后代，这些成员不繁殖，而成为群体中的劳动阶层。生殖品级和劳动品级的分化、大大小小不同年龄的个体生活在一起（世代重叠）、共同哺育幼体等，这一系列的特征表明，这是一个超越了一般群体组织的具有真社会性的物种！它们的社会组织比非洲野犬更进一步——非洲野犬的雌性阿尔法个体虽然控制着生育权，但它们和其他成员一样捕猎、觅食、守卫，并没有在职能上完全分开。但对真社会性物种的群体来说，女王只负责生殖就好，其他事情交给别人。

最终，达菲教授给这种神奇的鼓虾起名为 "*Synalpheus regalis*"，"*Synalpheus*" 是合鼓虾属的拉丁学名，种名 "*regalis*" 是"皇家的、王室的"的意思。因此，这种虾的名字可以翻译成"王室合鼓虾"。这是人类发现的第一种真社会性海洋生物。

目前，尽管人们进行了一些研究，但关于王室合鼓虾这一物种并没有完全搞清楚。不过，我们至少掌握了一些信息，比如，我们确定地知道它会协同作战，保卫巢穴。

当一只鼓虾进入它们在海绵中的巢穴时，它们彼此会用触角触碰，如果是同伴，双方会平静分手，这只鼓虾可以安然进入巢穴中。但是如果对方是敌人，触角的接触会非常短暂，并伴随着鼓虾标志性的"咔"的一声做出攻击或者快速后退的行为，或者两个行为同时发生。接下来，敌对双方可能会有持续性的攻击行为。

面对不同的入侵者，群体的成员会采取不同的反应。对同种的入侵者来说，虽然幼体、大型雄性和虾后都做出了攻击行为，但群体的反应明显要比异种入侵者弱很多。尤其是作为守备主力的大型雄性个体，并未表现出很强的攻击性。但是，在面对异种入侵者查氏合鼓虾（*Synalpheus chacei*）的时候，群体中的大型雄性表现出了很强的攻击性，"咔咔"声不断传来。

今天，在合鼓虾中已经确认了多个真社会性物种，包括布氏合鼓虾（*S. brooksi*）、查氏合鼓虾、伊丽莎白合鼓虾（*S. elizabethae*）、尖指合鼓虾（*S. filidigitus*）、兰氏合鼓虾（*S. rathbunae*）、王室合鼓虾、微海王合鼓虾（*S. microneptunus*）、达菲合鼓虾（*S. duffyi*）和里氏合鼓虾（*S. riosi*）等。在尖指合鼓虾中，出现了像白蚁和蚂蚁社会中的明显在形态上的品级分化。成年的雌性虾后没有了鼓虾标志性的战斗用螯肢，相反，它们拥有两个仅用于进食的小型螯肢。这意味着，它们已经完全放弃了战斗的功能，哪怕是战斗的潜力都放弃了。

根据分子生物学和形态学分析，在合鼓虾中很有可能至少发生了三次向真社会性的演化，并且在距今几百万年前的时候出现了多次辐射式发展，这些真社会性合鼓虾的祖先就是在这个过程中出现的。不过，在同一个类群中短时间内多次发生向社会性的演化意味着，很可能有一个比较强的理由推动着不同的物种朝向同一个方向演化。

目前，最可能的解释来自它们的寄主——海绵。因为适合它们生存的海绵并没有很多，而尚未被占领的就更少了。由于生存空间的限制，很多只合鼓虾只能生活在一起"凑合一下"，这就为它们形成大群体提供了首要的条件。然后，不同世代聚集在一起，彼此之间的亲缘关系很可能推动了巢穴的形成。一旦真社会性出现，它们就走上了一条"不归路"，想要回到非社会性的状态已然极度困难，当然目前看来，也完全没有必要。

▶ ▶ 家群内，黑尾草原犬鼠的亲密行为

门牙王国：啮齿动物与鼹形鼠女王

当你走在高高的稻田里或者高草丛中，有没有发现过悬挂在其间的小草球？它们里面是空心的结构，看起来是精心编织起来的。这些是什么动物的窝吗？还是小鸟的窝？

然而，你也有可能是遇到了欧亚巢鼠（*Micromys minutus*）的窝，这些是它们在夏季用来繁殖的巢。巢穴的主人是一种非常小的啮齿动物，不算尾巴也就五六厘米长，体重大约只有6克。它们还有一条随时可以抓住东西的尾巴，这使它们能够在高草上非常灵巧地攀爬。

欧亚巢鼠吃昆虫，也吃种子，由于体形小，能量的消耗很快，它们几乎不分昼夜地每三个小时就要进食一次。在温暖的季节里，它们似乎喜欢独自生活。如果两只雄鼠被放到一起，它们就会发生激烈的争斗。而异性欧亚巢鼠只会在交配和编制夏季巢的时候在一起，等一切完成，雌鼠就会把雄鼠赶走。

▶ ▶ 欧亚巢鼠和它的繁殖巢

但它们也具有一定的社会性，至少在冬季如此。此时，巢鼠在地表或者地下筑巢，它们特别喜欢藏身在草堆或者粮仓中。在藏身地，它们并不排斥与同类相处，甚至有 5 000 只个体聚集在一起过冬的记录。

巢鼠属于哺乳动物中历史悠长又极为多样化的类群——啮齿动物。啮齿动物的经典特征是一对可以不停生长的上下门齿。这对门齿的外侧是坚硬的牙釉质，内侧骨质较软，通过不停地啃咬磨砺，牙齿会如刀片般锋利。啮齿动物包括了哺乳动物中的啮齿目和兔形目两大类，它们分布于除了南极外的各个大陆，是繁衍最成功的哺乳动物类群之一。

啮齿动物包括了从独居到真社会性的各种生活类型，种类繁多，它们的故事足以填满厚厚的一本书。限于本书的篇幅，我只挑选其中几个物种，以它们为例来给大家做个简单的介绍。

我们接下来去北美看一下那里的黑尾草原犬鼠（Cynomys ludovicianus）。它们是松鼠科的成员，分布在北美中部的草原地区，稍微向北延伸到了加拿大南部，也叫黑尾土拨鼠。顾名思义，黑尾草原犬鼠的尾巴后段是黑色的，它们的体长大约三四十厘米，肩高 10 多厘米，有点儿像拉长版的兔子。在 5 种草原犬鼠中，黑尾草原犬鼠的分布最广，它们不冬眠，这是它们和三种白尾草原犬鼠在习性上最显著的区别。

　　和其他草原犬鼠一样，黑尾草原犬鼠主要是素食的，它们吃植物的茎叶、根部、果实和种子，偶尔也吃小昆虫。不过，白尾草原犬鼠（*Cynomys leucurus*）曾被记录到杀死怀俄明地松鼠（*Urocitellus elegans*），只是并不怎么取食松鼠肉，只少量吃一点儿，它们的主要目的是消灭掉领地里的竞争者。

　　黑尾草原犬鼠生活在被称为"小镇"（town）的聚集地里，规模巨大的犬鼠小镇可以覆盖数百公顷的土地。在黑尾草原犬鼠小镇里，生活着很多家群，这些家群也被特别地称为"小团体"（coteries）。家群是它们最基本的组织形式。每一个家群都会有属于自己的隧道系统和领地，深入到地下的洞穴系统里面有多个巢室，承担不同的作用。这个复杂的地下城堡还有若干个像小火山一样的开口，以便洞穴的主人能够在遇到危险的时候从容地从其他洞口撤退。在巢口下方不远的地方总会有一个听室（listening chamber），在出巢活动之前，巢穴的

▶　▶　在洞口保持警戒姿态的黑尾草原犬鼠

主人可以在这里驻留，认真听听巢穴外面的动静，再决定是否外出。退回巢穴的时候它们也可以先退到这里进行观望。主巢室会比较大，里面往往会垫上一点儿干草，从而使舒适度提高不少。

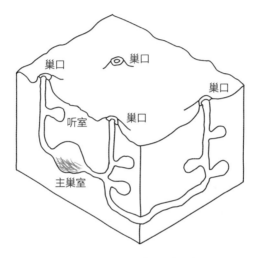

▶ ▶ 黑尾草原犬鼠家群的巢穴系统示意图
图片来源：根据网络资料整理、改制、重绘

家群通常包括一只成年雄性、一只或几只成年雌性，以及一些幼年个体。像狮子一样，雄性黑尾草原犬鼠在成年以后需要离开自己出生的家群，寻找新的家群去占领和征服。

有时候，家群中适龄生育的雌性较多，一只雄性已不足以控制，在这种情况下，也会有别的雄性加入。在这些多雄的群体里，有些雄性的彼此关系看起来还不错，但是可以想象，多数雄性之间的关系还是挺紧张的。关系还不错的雄性之间可能有亲缘关系，而关系紧张的则可能是一些彼此没什么关联的雄性。而有时，一只雄性也可以同时参与到两三个家群中去，当然，这些家群彼此之间的关系同样谈不上友好。

而相邻的家群之间不时会因为领地而爆发冲突。它们有可能互相示威，也有可能直接赤膊上阵。一旦发生肉体冲突，它们会撕咬、踢踏，并冲撞入侵者。

不过，在家群内部，多数时候还是很温馨的，特别是这种动物彼此会

▶ ▶ 黑尾草原犬鼠的接吻行为

"深情接吻"。这种用嘴互相触碰的行为发生在异性之间、幼崽和父母之间以及家族成员之间，只要关系还不错，都可以亲亲。目前，关于这些亲吻仪式的生物学意义并不十分清楚，也许它们可以借此嗅探对方的气味，也许这样的行为能使它们感觉舒畅——这种行为似乎确实可用来沟通彼此之间的感情，因为在不同的家群之间，从不会发生这样的行为。除此以外，黑尾草原犬鼠还会像猴子一样给家群里的同伴理毛，这是非常社会化的行为。

草原犬鼠另一个让人赞叹的技能是，它们能够发出很多种不同的声音，代表不同的意思。如当狼靠近的时候，它们会发出短促的叫声，提示在外活动的同伴赶紧进入洞穴中避难。产生多种不同的信号，以传达更多的意义，也是具有较高社会性的动物的普遍特征。

黑尾草原犬鼠曾经非常兴盛，以至于殖民者刚刚来到这里的时候，震惊于它们的数量和巢群规模。在相当长的时间内，虽然数量

有所下降，但它们还保持着一定的规模。直到1905年时，在美洲草原上还生活着8亿只黑尾草原犬鼠。它们是北美大草原的基石物种（keystone species）。

　　所谓基石物种，是1969年提出来的生态学概念，指那些有能力影响并维持整个生态系统的关键物种。就像砌墙的基石，一旦撤掉，墙就有可能倒掉。

　　举一个简单而直接的例子——海獭（*Enhydra lutris*）。它们生活在分布着海藻森林的海域。在那里，水下有非常高大的海藻，它们附着在海底，然后一直延伸到海面。在海藻森林里生活着很多动物，如鱼类、贝类和甲壳类动物等，还有一种非常糟糕的东西——海胆。海胆取食海藻，但是它们是从基部取食。其结果是，一旦海藻的基部被咬断，整条海藻就失去了依附，会被洋流冲走并死亡。如果没有动物来捕食海胆，控制海胆的食量，它们就会在短时间内摧毁整个海藻森林生态系统。而海獭正是捕食海胆的关键性物种。所以，在海藻森林里，海獭就是基石物种。

　　黑尾草原犬鼠也有类似的功能。它们为美洲草原上的洞穴系统翻动土壤，推动了物质循环。同时它们的取食选择改变了植被组成，它们的巢穴是众多动物的栖息地，它们自己也是蛇、鹰和狼等动物重要的食物来源。它们既管理着草原，也为草原上其他动物的生存提供了依附，当然称得上基石物种。但是最近几十年，它们的情况不太妙，也影响到了整个北美大草原生态的健康。因为投毒和土地开发，到了1977年，它们的数量已经锐减到225万只，种群衰退得非常厉害，已经引起了很多有识之士的关注，他们倡议在已经没有了草原犬鼠的地方重新引入该物种。

尽管草原犬鼠已经具有相当的社会性，但它们仍然不是最复杂的啮齿动物群体。接下来，我们要去非洲东部，到索马里、埃塞俄比亚和肯尼亚一带，寻找另一种神奇的啮齿动物——裸裸形鼠（*Heterocephalus glaber*）。事实上，它们是非常丑的动物，比斑鬣狗还要丑。这些终年生活在地下洞穴里的小动物身上的毛稀疏而纤细，以至于它们看起来像是全裸的样子。你可以看到它们皮肤上的褶皱，看起来甚至稍微有点儿倒胃口。

▶ ▶ 正在进食的裸裸形鼠，它们的体长大概 8~10 厘米

然而，它们可能真的是这个星球上最神奇的哺乳动物之一了。它们在地下寻找大块的根茎作为食物，这些根茎可以让它们吃很久，再加上根茎本身的再生作用，它们可以吃上几个月甚至几年。这些食物并不比其他啮齿动物的食物要好，裸裸形鼠的生活环境也不很优越，但是它们的寿命却是一般鼠类的10倍，最长甚至达到30多岁。这些家伙看起来很难衰老，也几乎不会得癌症。

裸裸形鼠似乎完全抛弃了毛和体温，它们不再像其他哺乳动物那样执着于维持恒定的体温。当然，这也与它们生活的地下环境的温度比较稳定有关，它们也可以通过迁徙来调节体温——如果洞穴内的温度高了，它们就会去寻找凉爽的地方；如果洞穴里很冷，它们就会向下迁徙，去更温暖的土层。在庞大的地下巢穴系统中，有时候会面临缺氧的威胁，它们在演化中克服了这个问题，从而可以在低氧环境下生存。它们甚至连一部分痛觉都已经抛弃了……

然而最神奇的是，它们是哺乳动物中少有的真社会性物种。从少数几只到多达上百只，裸鼹形鼠能够形成自己的群体。在这个群体中，有且只有一只具有生殖能力的雌性，还有一到几只具有繁殖能力的雄性。其余的裸鼹形鼠的生殖器官都没有充分发育，不能进行繁殖，我们可以称之为"工鼠"。至于那只高高在上、手握生殖权的雌性，我们也大可以称之为"鼠后"。鼠后的尿液中含有抑制工鼠繁殖功能的物质，从而使它能够坐稳这个位置。

工鼠负责日常的巢穴工作，也包括帮鼠后带孩子。通常，幼鼠在出生后的头一个月由鼠后照顾，以后则由工鼠照看。

▶ ▶ 　裸鼹形鼠的鼠后和它的子民

不过，对于哺乳动物来讲，育幼的本能是由雌性激素来激发的。当工鼠的繁殖功能被抑制以后，它们又是如何获得激素来激发育幼行为的呢？

一部分答案就藏在鼠后的粪便里。裸鼹形鼠会取食同伴的粪便。这听起来很脏，但是如果考虑到其中还有很多没有被消化掉的食物可以再利用，并且也许可以借此来传递肠道里的微生物，听起来也并非不合理。毕竟，吃屎的动物也挺多的。

事实上，裸鼹形鼠还要通过粪便来获取属于自己巢穴的独特气味，以区别入侵者。另外，那些雌性激素也正是来自鼠后的粪便。通过这些激素，可以激发工鼠育幼的热情，从而让它们能够热情地对幼鼠的请求做出回应，为巢穴效力。

不过，尽管女王的权势很大，并且非常长寿，但生命终究有走到尽头的那一天。鼠后的死亡不会给群体带来终结，但是会带来混乱。那些一度被压制了的雌性，开始恢复自己的能力和本能。它们彼此开始互相争斗，直到决出阿尔法个体，成为群体新的女王。它会与雄性交配，它的身体也会发生变化，变得和原来的鼠后一样可以生育。而它也将继承整个巢穴的一切，并承担起繁育的职责。

▶ ▶ 黑尾胡蜂的工蜂、幼虫和茧子
图片来源：广西大桂山鳄蜥国家级自然保护区管理局罗树毅摄

群蜂王朝：罐子与皇冠

　　初夏季节，不知具体从什么时候开始，窗台外边开始接连出现一个个小小的泥罐子。每次我去看的时候，总有一个罐子是开着口的，而之前的罐子已经被泥封住了。这是蜂的杰作吧？不过，制作这些精巧泥罐子的家伙是谁呢？

　　我留心了一下。终于，我见到了它。好大一只蜂！黑色的身子镶着橘黄的颜色，大大的复眼，细细的腰。这是一只镶黄蜾蠃（*Oreumenes decoratus*）。

　　我看到它的时候，它正忙着制作新的泥罐子。它从远处抱来泥团子——真的是抱过来，用前面的两条腿和头一起夹住像球形的泥

▶　▶　窗台上出现的像壶一样的泥罐子

▶ ▶ 镶黄蜾蠃盖了一间小房子
图片来源：冉浩摄

团子飞过来。然后，它把泥团子堆在工地上，准备开工。它的嘴巴在里面抹，两条前腿在外面抹，很快就筑起薄薄的一层泥墙。一分钟左右后，它就需要去搬新的泥团子过来。我用秒表掐算它搬泥团子回来的时间，4分15秒、1分17秒、1分33秒、2分23秒、1分31秒、2分06秒、3分38秒……看起来它取土的地方离我家窗台应该不远，毕竟算上搓泥球的时间，来回的路程不超过5分钟。

最后，我看到它做成了一个球形的小室，在小室的中间还有一个小洞，刚刚够它把头从里面拽出来。它又去取土了。最后这一团泥是用来给小室安上壶嘴巴的。我看到它娴熟地围着开口转圈，用头和前腿配合，完成了泥壶的最后一道工序，然后就飞走了。

我知道，它还会回来。这里的每一个小罐子都是它小小的育婴房。它会寻找尺蠖等蛾蝶的幼虫，用尾刺麻痹它们，然后将它们塞进这个小罐子里，在里面产上一枚卵。这枚卵会孵化成幼虫，蜂宝宝也就获得了母亲赠予的礼物。它们会消耗里面储存的食物，一点点长大，然后变成蛹，再变成成年的蜂。最后，它们会咬破罐子，进入到这花花世界中。蜂类这种需要经过卵、幼虫、蛹和成虫这四个发育阶段的成长方式，我们称之为完全变态发育，这是昆虫中非常常见的发育方式。在主要的真社会性昆虫中，除了白蚁，其他都是采取这种发育方式。

　　然而，我还是低估了蜾蠃母亲的爱心。虽然这是它在我窗台上准备的最后一个巢室，但它并没有满足于将巢室的口封闭。它花了整整一天，在这些巢室的外面堆上泥巴，使它们变得更加坚固。最后，泥巴覆盖了所有巢室，形成了一个长形的小馒头状土包，表面非常平整光滑。它真是相当周到的建筑师！

　　即使如此，我仍要说，这种蜾蠃并非社会性的动物。因为，尽管母亲为子女准备了丰盛的食物，而且我注意到此后它偶尔会来这里看一眼，这直接打消了我破开一个巢室一探究竟的心思，但蜾蠃和它的后代注定不会生活在一起，后代在成年之后会开始自己独立生活。

　　然而，终究还是有蜂迈出了那一步。它们的母亲一直守护子女到成年，它们结成了群体，甚至演化出了强大的真社会性群体。

　　和蜾蠃关系很近的胡蜂就是这

▶ ▶ 镶黄蜾蠃巢穴的最后成品

▶ ▶ 黑尾胡蜂（*Vespa ducalis*）的洞口及其在
土壤中的巢穴
图片来源：广西大桂山鳄蜥国家级自然
保护区管理局罗树毅摄

样，它们很多是真社会性的昆虫。在我国，胡蜂主要分布在比较温暖的地方，它们的个头不小，头看起来也特别宽。由于长着大脑袋，在我国台湾等不少地区，它们也被称为"虎头蜂"。在胡蜂巢穴里存在着明显的等级分化，蜂后的体形要比工蜂大上不少，它通常也是巢穴的主要产卵者，甚至是唯一产卵者。它同样为后代建造小室，不过，它的小室更加高级：它把植物纤维嚼成糊状，然后制成一个个紧密排列的巢室，形成一个个巢盘，整个巢穴由若干个这样的巢盘组织在一起，组成了巢穴。通常，巢穴会留一个出入口，要么隐藏在土壤中，要么挂在高高的树上。另外，挂在高处的巢穴往往还会建造一层纸质的外壳，以起到保护作用。

胡蜂的巢穴也从单只蜂后开始。交配过的蜂后会制作一小批巢室，然后在里面产卵，一个巢室一枚。幼虫孵化出来以后，蜂后会用咀嚼过的食物饲喂幼虫，直到第一批工蜂出世。这之前的蜂巢也常被称为王巢。之后，工蜂就接管了蜂后育幼和建巢的工作，随着工蜂不断羽化，巢穴的规模开始扩大，逐渐步入正轨。需要特别指出的是，所有蜂类孕育出的工蜂都是雌性，尽管它们的卵巢有可能发育得不完全而丧失了繁殖力，但它们是由受精卵发育而来的，而所有的雄蜂则来自未受精的卵。这是蜂类独特的性别决定方式。

与常年高温的热带地区不同，在冬季较冷的温带地区，那里的胡蜂通常是以年作为生存周期的，也就是春季的时候蜂后开始建巢，到了夏末，工蜂在孵育室的上方建立更大的巢室"罐子"，然后培育出新的雌蜂和雄蜂，它们是王国的公主和王子。差不多在这个时候，老蜂后已经风烛残年，随时都会死去，群体也不再产生新的工蜂。雌蜂和雄蜂飞离蜂巢，与其他巢穴的个体进行交配，也就是"婚飞"。最终，在严寒的逼迫下，所有的工蜂和雄蜂都会死去，只留下雌蜂寻找合适的庇护所，挨过漫漫冬季，等待春季开始新的轮回。

胡蜂是肉食主义者，它们捕食蛾蝶的幼虫、蜜蜂和苍蝇等，在消灭蜜蜂以后也会取食蜂蜜。事实上，胡蜂在消灭蜜蜂上相当有一套，特别是对意大利蜜蜂（西方蜜蜂，*Apis mellifera*），后者是最常见的饲养蜜蜂。它们会将蜜蜂引诱到离巢稍微远一点儿的地方杀死。这样可以逐渐将蜂巢中的蜜蜂屠戮掉，最终解决掉整窝蜜蜂。

▶ ▶ 秋季陆马蜂的新生代蜂后，它们同样是单只繁殖蜂越冬的
图片来源：冉浩摄

尽管意大利蜜蜂很可能起源自热带或亚热带地区，

但它们成功地获得了在温带越冬的能力，并且保留了热带蜂类的繁殖模式——分群，这可以使群体长久地存在下去。当蜂群达到一定的规模时，分蜂现象就有了发生的可能。蜂后[①]会通过上颚腺产生的化学激素（反–9–酮–2–癸烯酸）来抑制雌性繁殖蜂的出现。在春末的时候，这种物质的分泌会减少。在这样的综合作用下，蜂群开始酝酿产生新的繁殖蜂。它们在巢脾上建造更大的巢室，也就是王台。蜂后在里面产卵，这里孵化出的幼虫将被特别对待，以保证它成为新的繁殖蜂。

▶ ▶ 山间意大利蜜蜂的蜂箱。由于养蜂业的发展，意大利蜜蜂成为我们最熟悉的社会性昆虫之一

图片来源：冉浩摄

---

① 蜂后（Queen），也就是通常蜜蜂学中的蜂王。在这本书里为了和其他真社会性动物研究领域统一用词，我采用了蜂后的说法。基于同样的原因，在描述社会性昆虫在空中的交配繁殖行为时，在不同的真社会性昆虫研究领域出现了不同的名称，诸如分飞、婚飞等，书中我都统一使用了婚飞。

之后，在一部分工蜂的推动下和另一部分工蜂的裹挟下，老蜂后通常会带着它的追随者离开旧蜂巢，去建立新的蜂巢。于是，一个蜂巢变成了两个。在旧的蜂巢里，新羽化出的雌蜂之间会爆发激烈的冲突，导致死亡或者进一步的分群。

▶ ▶ 北京霞云岭，在山间溪流边饮水的意大利蜜蜂

图片来源：冉浩摄

当然，对于巢穴来讲，蜂后的作用相当重要，还有其他原因会导致新蜂后的出现。比如原来的蜂后太过衰老，工蜂会在巢脾的中央建造少量王台，来

▶ ▶ 意大利蜜蜂的工蜂和蜂后

培育新的蜂后。在这种情况下，新、老蜂后会在巢穴中同时出现，但老蜂后不久会死亡，从而产生"母女交替"。

另一种情况则是蜂群中的蜂后意外死亡。对于只有一只蜂后的蜜蜂巢穴而言，这是关乎存亡的大事。

通常，群体能在10小时之内发现这一重大事故，整个群体随之会变得躁动不安。如果群体内有受精卵或者低龄雌性幼虫，工蜂会迅速着手将巢室改造成王台，并给予特殊照顾。通常，蜂群会建造10~20

个王台，散布在巢脾上。一旦群体开始培育新的蜂后，群体的秩序就会回归到正常状态。当然，由于培育的新蜂后有点儿多，等新的蜂后出现以后，又免不了一场血雨腥风，群体也有可能会出现一两次分裂。

但不管怎么说，蜜蜂分群和产生蜂后的机制可以使整个群体一直维持下去，而不会因为个别蜂后的死亡而土崩瓦解。这也使它们不断积累蜂蜜的工作变得有意义。

蜜蜂在采蜜方面确实已经趋于极致，这是和花朵相互作用的结果。事实上，在蜜蜂之前，开花的被子植物就已经和昆虫有了充分的合作，并且为双方带来了持久的繁荣，只是蜜蜂更加突出而已。昆虫为花朵传粉，同时获取蜂蜜和一些花粉作为报酬，这是双方在进化中达成的协议，蜜蜂也以此为生。

▶ ▶ 北京南海子的牡丹花开了，一只意大利蜜蜂正在采蜜。它后足的花粉篮上已经装满了收集的花粉，它的身上也沾满了花粉
图片来源：冉浩摄

为了采蜜，蜜蜂开发出了卓越的沟通方式——以一种近似于舞蹈的方式向同伴传达蜜源的位置。蜜蜂传递蜜源信息的"8"字舞已被人们熟知，这也是昆虫导航中最著名的例子。脑子只有1立方毫米的昆虫开创出了这种让人惊叹的行为语言，指引着同伴找到蜜源。蜜蜂的"8"字舞和"o"字舞很好地传达了从巢穴出发到蜜源的位置信息，包括距离和方向。"o"字舞也叫圆舞，通常在蜜源距离小于100米时出现，而"8"字舞通常出现在指示较远的距离上，但不同种蜜蜂的舞蹈并不完全一样，翅膀振动的频率、爬行的速度和转弯的急缓都可能与蜜源的距离有关。

关于蜜蜂如何准确地找到蜜源和返航，蜜蜂是否和我们一样在头脑里拥有一个"认知地图"还有争议。相反的观点认为它们更多依靠的是地标、方向和距离，由此形成了路径网络。还需要更多时间才能解开这个谜题，不过我们可以先看看已经知道了些什么。

蜜蜂能够识别一些地标，如河流、树木、景物等，这是蜜蜂确定自己位置的非常重要的参考。当然，蜜蜂的视力比我们差得远，它们的每只复眼只有大约五六千个小眼，每个小眼只能形成一个像素点。以此推算，两只复眼加在一起，不过就是一万像素摄像头的清晰度。如果把这样的图像由电脑显示器来呈现，它在屏幕所占的区域，并不比大拇指的指甲大多少。尽管视野模糊，但是蜜蜂的复眼结构能确保它几乎看到360度的视角，这使它们能够更容易、更快地寻找到地标。在这个过程中，由于可能没有立体视觉，蜜蜂需要确定一个稳定的方向，并调整自己的位置，使得地标正好落在视网膜的正确区域，以便与自己记忆中的图像进行匹配，以此来识别出地标。

然后，它们可以把整个旅程分解成由若干个地标连接起来的路径，通过调整方向并测算距离，从一个地标到达另一个地标，完成整个导航。因此，首次外出的蜜蜂，必须先绕巢飞上几圈，进行大约6次飞行学习，才能熟悉巢穴周围的环境，包括地标、气味等。这是它们将来还能安全回到巢穴的重要依据。

除了利用天空的太阳，在阴天，蜜蜂还能根据云层透射下来的偏振光来推定太阳的位置。由于自然偏振光的振动方向单一，所以它能够成为指示方向的光标志，帮助完成定向。此外，在蜜蜂腹节的营养细胞中存在着铁颗粒的沉积，可以帮助蜜蜂感应磁场，并且完成在磁场中的导航。也有研究发现，磁场对蜜蜂的"舞蹈"也具有影响。

另外，蜜蜂必须较为准确地掌握自己已经飞行了多远，以此来评估是否到达地标附近。早期的研究曾认为，蜜蜂很可能通过体内的能量消耗来判断距离，但近期的研究则更多地指向"光流"的量。

虽然蜜蜂的视觉成像质量较差，但是复眼的时间响应很快。如人的时间频域响应为20赫兹，但复眼可以达到200赫兹左右，也就是蜜蜂的视觉时间分辨率能达到人类的10倍以上。因此，昆虫对运动中出现的变化非常敏感。当它们在飞行时，四周景物的变换会在它的视野中形成变化的光流信息——既包括我们所能感知的可见光，也包括紫外线。蜜蜂能够通过这些光流信息来确定自己的飞行速度和高度，结合自身的其他感知器官调整自己的飞行状态。光流信息的变化也暗示着飞行场景的变化，光流信息也与飞行的距离关联。斯里尼瓦桑（Srinivasan）等人的实验证明，当人为干扰蜜蜂飞行路径中的光流信息时，蜜蜂就失去了对飞行距离的感知能力。当然，这种对距离的感知能力会随着飞行距离的延长而逐渐失真，因此蜜蜂在飞行过程中能够找到需要的路标，是进行精确定位的关键。

此外，气味也是蜜蜂导航的重要依据。蜜蜂通过嗅器感受空气中弥漫着的气味分子，它们在充满气味的空间中飞行，从一个场景切换到另一个场景。它们的世界与我们不同，光影与气味的变化形成了它们路上的景致。阳光与磁场为它们指路，通过各种感知的集成综合，引导着它们从一个地方前往另一个地方。

最终，采集回来的花粉和花蜜需要搅拌上唾液，再装满巢室，经过封存发酵，才会形成蜂蜜。一只蜜蜂的蜜囊大约可以装下0.03~0.05克的花蜜，这大约需要采上100多朵花。蜜囊装满之后，它们会返回一次，一天大约往返10~20次，也就是差不多要采2 000朵花的样子。花蜜的含水量很高，在酿造成蜂蜜的时候还需要充分浓缩。蜜蜂这一天的劳动成果大约能获得不到0.2克的蜂蜜。这是非常辛苦的工作，所以一旦工蜂不再打理巢穴内的事务，转入采蜜工作，它们的寿命会迅速消耗，大约只能再活20多天，只能酿造三四克蜂蜜的样子，也就是浅浅的小半勺。所以一巢蜂蜜需要大量蜜蜂的辛勤劳动。毫无疑问，这些是蜜蜂的财富。但同时，这也为蜜蜂招来了很多觊觎者。蜜蜂需要保卫它们的劳动成果。

当入侵者接近的时候，位于蜂巢上的大蜜蜂（排蜂，*Apis dorsata*）会表现出一种叫作"蜂浪"（shimmering）的行为。与很多蜜蜂物种将蜂巢隐藏在土中或者树干中不同，大蜜蜂的蜂巢既开放又显眼，这使得它们极容易遭到攻击。在面对威胁时，覆盖在巢穴表面形成"蜜蜂屏障"的工蜂们，会整齐划一地弹起腹部，从远处看去，就

▶ ▶ 大蜜蜂在树上分散的蜂巢

像在蜂巢上涌起了涟漪。已经可以确认，这种行为对胡蜂的入侵具有震慑作用，让它们看到蜂群的强盛，不敢轻易进攻蜂巢。这是一种非进攻性、相对柔性的反应，它们甚至能够对远处的风筝做出反应。

　　但是必要时，蜜蜂们也绝不会犹豫，它们时刻准备着为了巢穴牺牲自己。它们演化出了带有倒钩的毒刺，一旦刺入人或鸟兽的身体，便无法拔出，蜜蜂脱离时，毒腺和一部分内脏会一同被留下。其结果是，毒腺里的毒液会足量注入敌人体内，达到最大杀伤效果，而蜜蜂则因为失去内脏而死亡。但是，这并不是结束。它还留下了起到召集作用的信息素，会召唤来更多的工蜂蜇刺入侵者。它以生命为代价，蜇刺并且标记了敌人。如果没有防护，这时候被蜇伤的人需要做的就是尽快远离蜂巢，拉开安全距离。当逃离足够远的时候，蜜蜂就会停止追击。在美洲，被称为杀人蜂的杂交蜜蜂之所以那么让人恐惧，是因为它们的追击距离有点儿太长了，足有几百米。而很多被严重蜇伤的人并未意识到这一点，没有跑得足够远。

但是，今天的蜜蜂也正在遇到麻烦。近年来，出现了一种被称为蜂群崩溃综合征或者蜂群崩溃失调（colony collapse disorder，CCD）的现象，也就是在某一地区的蜜蜂数量会突然锐减。它被首次报道于2006年，美国约有35%的蜜蜂消失了，近年来世界范围内开始相继出现报道。这可不是一个好消息，虽然爱因斯坦从来没说过"蜜蜂消失了人类将无法生存"之类的话，但是作为重要的传粉昆虫，它们数量的锐减必然造成一系列的不利影响。

关于蜂群崩溃失调现象出现的原因，目前并不十分明确。有研究认为与以色列急性麻痹病毒（Israeli acute paralysis virus）造成的蜂群疾病有关，一些人则认为与杀虫剂和农药的广泛使用有关，还有一些研究则指向寄生虫等因素，包括全球气候变暖等，都在怀疑之列。目前还不能确定这是由单一因素引起的，还是多个因素共同作用的结果，也不能确定这是不是一个从未出现过的现象。它仍需要更多的研究和解读。

▶ ▶ 南京中山陵景区附近，黑翅土白蚁（*Odontotermes formosanus*）的工蚁正在修补巢穴

图片来源：冉浩摄

白蚁城堡：神奇的建筑帝国

我们沿着南京中山陵景区下面的小路徒步而行。我看到了一块平整的水泥板散落在路边上，大概比A4打印纸还要大一点儿。我随手掀起，你猜，我看到了什么？一窝白蚁！

那是一窝土栖的黑翅土白蚁。天花板被人掀开，这些白蚁们乱作了一团，它们排着溪流一样的队伍，开始迅速向地下撤离。我拿出相机，准备对焦拍照。然而微距相机对焦并不怎么容易，特别是还要手动对焦。当我完成对焦时，白蚁们已经跑得差不多了。

不过，我还是有所收获。透过取景屏幕，我看到有些工蚁的嘴巴里似乎叼着一些东西，原来是"白蚁混凝土"。这是它们用泥土、唾液和粪便混合而成的建筑材料，非常坚固。它们正在用这些白蚁混凝土堵住暴露出来的蚁巢通道口，它们已经修补了一些。我不再犹豫，按下快门，记录下了这一刻。

▶ ▶ 正在筑巢的白蚁工蚁

关于白蚁的混凝土技术，我有非常多的感受。我们甚至经手过一组恐龙化石，最后论证出了它们上面盘绕的生物遗迹化石极可能是古白蚁（或其祖先）构筑的巢穴通道。那也是我进入学术圈以来写得最艰苦的一篇论文。相关的故事，我在《非主流恐龙记》中进行了重点介绍。这组化石跨越了差不多两亿年的历史，依然保存至今，而遗迹的主人却已经尸骨无存，足见白蚁混凝土的坚固。

而在这些混凝土保护下的，就是一群身体大部分地方都很柔软又相当怕光的家伙了。虽然白蚁经常被误认为是蚂蚁，但是白蚁和蚂蚁是两种完全不同的昆虫，它们只是在社会组成上稍微有那么一点儿相似罢了。

近年来，越来越多的研究表明，蟑螂和白蚁之间存在着非常紧密的关系。2007年因伍德（D. Inward）等人以分子生物学研究为基础发表了论文，重构了蟑螂家族的进化关系。在这个新的进化树中，白蚁和传统的蟑螂被纳入同一个体系。白蚁被因伍德等降级为昆虫纲蜚蠊目下的白蚁科（Termitidae），正式成了社会性蟑螂的一种，原来白蚁独有的分类阶元等翅目被撤销。"等翅目之死"确实在圈子里引起了震动，但那些在白蚁研究上具有举足轻重的作用的科学家还是在联合发表的论文中支持了这一决定，只不过他们希望能保留"Isoptera"（等翅目）这个词，至少留个念想。白蚁划入蟑螂已是大势所趋。

事实上，生物学家在多年前已经发现白蚁和隐尾蠊有密切的关系，两者也是仅有的、利用肠道里共生的鞭毛虫来分解木头的昆虫。甚至早在1934年，就有科学家推测白蚁的进化可能与此有关：木头中的纤维素极难分解，动物一般要求助肠道内的微生物才能实现这一目的，牛羊的消化道也要借助微生物的发酵作用，而我们人类的消化道则完全无法分解纤维素。为了不饿死，新生的古食木蜚蠊必须要从母体肛门那里获取鞭毛虫，而且幼体蜕皮以后还得再次从其他蜚蠊那儿获取鞭毛虫。于是，在这种不断"肛哺"的活动中，社会的雏形出现了。这个有点儿重口味的昆虫团体经过了不断的演化，很可能到了侏罗纪时期，真正意义上的社会性蜚蠊——白蚁才出现。而时至今日，在这个星球上生活着超过3 100种白蚁，主要分布在气候较温暖的地区。

如果我们仔细探查，还会发现白蚁的社会组成有很多地方不同于蚂蚁：虽然它们的繁殖蚁都有翅膀并且都会在开始建巢以后脱落，但白蚁的成熟蚁后个头特别大，腹部比蚂蚁的蚁后臃肿得多，几乎没法自己爬行，成了纯粹的产卵机器。而蚂蚁的蚁后则是非常轻便灵巧的。白蚁的雄蚁也不像蚂蚁的雄蚁那样是交配完就死掉的短命鬼，而是会跟蚁后结为长久夫妻一同生活。如果说真社会性中的可育雌性可以被称为"后"（queen）的话，那么白蚁社会中的才是真正的"王"（king）。而且许多种类的白蚁群中还有一些未完全成熟的生殖蚁，如果蚁后或蚁王遭遇不测，它们可以随时顶替，这就是所谓的补充繁殖蚁。

与蚂蚁和蜂类的完全变态发育不同，白蚁的生命周期属于不完全变态，经由卵、若虫发育到成虫。这样一来，白蚁社会中就不存在一大堆嗷嗷待哺的幼虫或者全身包裹不理身边事的蛹，而是有大量"童工"可以帮忙：大大小小的白蚁若虫已经走上工作岗位，在巢穴中承担一些力所能及的工作，有些干脆在若虫阶段就停止了生长。

▶ ▶ 黄胸散白蚁（*Reticulitermes speratus*）巢穴中很小的若虫
图片来源：冉浩摄

此外，它们在劳动品级上也有明显的不同。不管是蚂蚁还是蜜蜂，所有的劳动品级都是不可育的雌性，而所有的雄性都是可育的，将来可以去追求雌性。但是，白蚁的社会不一样。白蚁的工蚁中，既有雌性个体，又有雄性个体，并且都是繁育受限的。

从品级分化上来讲，大多数白蚁物种都在工蚁的基础上出现了兵蚁品级。或者说，经过了多次蜕皮以后，在原始型的基础上出现了蜕变型。这些兵蚁有的有特化的上颚，有的在额头上装备了毒腺。这些头部全副武装的兵蚁要负责巢穴的安全，特别是要对付它们的宿敌——蚂蚁。

▶ ▶ 翘鼻象白蚁（*Nasutitermes erectinasus*）的兵蚁，它们额部向前延伸成为象鼻状，可以喷射毒液
图片来源：舟浩摄

从食物上来讲，白蚁也是比较特殊的。借助肠道中的共生微生物，它们可以消化纤维素，后者是非常稳定的多糖，多数动物的消化道都缺乏分解它们的手段，蚂蚁和蜂类也是如此。事实上，从演化来讲，蚂蚁和蜂类的关系更近，甚至完全可以把蚂蚁看成一类特殊的蜂。

总的来说，白蚁身上有许多比蚂蚁更"原始"的特征，但它们仍然经受住了至少1.5亿年的生存考验。在这个历程中，巢穴无疑起了巨大的作用。白蚁头部往后的大部分身体太过柔软和脆弱了，既不能有效地保存水分，也不能很好地应对温度变化，面对捕食者的防御力也是差得惊人。对白蚁来说，它们必须要给自己营造出一个温和的生存环境。

▶ ▶ 铲头堆沙白蚁（*Cryptotermes declivis*），
中间的是兵蚁
图片来源：冉浩摄

▶ ▶ 铲头堆沙白蚁的繁殖蚁若虫，你可以
看到它们那小小的翅膀
图片来源：冉浩摄

▶ ▶ 铲头堆沙白蚁和它们像大沙粒一样干
硬的粪便
图片来源：冉浩摄

白蚁的巢穴生活大致可以分成木栖、土栖和土木混栖三种方式。

通常木栖的白蚁被认为是比较接近原始状态的。它们在木头中做巢，取食干燥的枯木，并且排出硬粪球。这些白蚁的巢穴规模较小，也许只有几百只个体。这样的白蚁，比如堆沙白蚁（*Cryptotermes*），繁殖缓慢，经常在房屋干燥的木材中筑巢。它们的蚁巢完全建于木头中，和土壤没有多少联系。

土木混栖的白蚁对筑巢的地点选择不严格，可以是干燥的木料，可以是活的树干，也可以是埋在土壤里的木头，它们甚至可以在土壤中做巢。乳白蚁（*Coptotermes*）和散白蚁（*Reticulitermes*）就是这类的代表，它们在木材中做巢的时候往往还会搭建通向土壤的蚁路。

而在白蚁中，最进步的、筑巢手段最为艺术化的就是土栖白蚁了。这类白蚁的巢穴都是以土为本，可以是靠近树木的根部或埋藏在土壤中的木材，也可以完全与它们无关，建造于土壤中。土栖白蚁的巢穴还可以分成地上和地下两种风格。像我之前翻到的黑翅土白蚁就完全是一种地下巢，在地面上几乎没有痕迹。这种风格的在我国还有黄翅大白蚁（*Macrotermes barneyi*）等。

而另一部分土栖白蚁的巢则会有一部分隆出地表，形成地上巢。这样的巢穴更加复杂。在我国，只有极少数种类的白蚁建造这样的巢穴，如在我国西双版纳的云南土白蚁（*Odontotermes yunnanensis*），其地表的蚁垄（mound）可高达3米，形如一座大坟。而在南美、非洲和澳大利亚的干旱

▶ ▶ 黄胸散白蚁（*Reticulitermes speratus*）的兵蚁、工蚁和若虫
图片来源：冉浩摄

▶ ▶ 黄翅大白蚁的兵蚁和工蚁
图片来源：刘彦鸣摄

▶ ▶ 非洲博茨瓦纳，清晨阳光照耀下的白蚁巢

地区及热带稀树草原，这些蚁垄则更为常见，甚至能够达到每公顷多于200个的规模。其中一些非常高大，成为那里最引人注目的自然景观。

这些蚁垄由无数白蚁建造起来，考虑到其微小的身体，这个工程量相当于人类堆起上万米高的巨大建筑。而很难想象，这样的建筑竟是白蚁一点点制作出混凝土，然后用嘴巴衔着，逐渐堆积起来的。

接下来我们一定会有这样的问题：白蚁为什么要花这样大的力气来建造如此一个巢穴呢？

地上巢的作用应该不仅仅是用来防御天敌的，因为若仅仅是用来防御，直接在地下挖巢就好了，不用堆出如此的结构。所以，地上的蚁垄必然存在附加的功能。

对于养菌白蚁构造的蚁垄，在其基部的核心区域是白蚁主要的住所，蚁王和蚁后的王室（royal cell）就在这里，它们培育的菌圃也在这里。这是它们用粪便和植物纤维组织等小心制作的培养基，上面接种了真菌蚁巢伞（*Termitomyces*）。目前，关于白蚁和蚁巢伞的共生关系还存在一些争议，并不像我要在后面的章节介绍的切叶蚁那么肯定和确切。总体来讲，白蚁可能会从几个方面受益：一是蚁巢伞可能会成为蛋白质的补充食物源，二是白蚁有可能从中获得一些帮助降解木质素或者纤维素的酶，从而更好地消化食物。而蚁巢伞则获得了庇护和照顾，也获得了更多的生存资源。看起来这对两者都不错。

然而维持共生并不容易，需要同时满足两个物种生存的内部小气候环境条件。研究者开始想到蚁垄内部的环境是否能有如此稳定？

鲁斯彻尔（Lüscher）和儒勒（Ruelle）是最早研究勇猛大白蚁（*Macrotermes bellicosus*）蚁垄内外温度的人。这是一种被研究得相当透彻的养菌白蚁。测试的结果是，蚁巢的温度恒定在30摄氏度附近，每天波动不超过3摄氏度，平均年波动不超过1摄氏度。而在蚁垄外，环境的气温变化则具有很强的波动性。这使得人们注意到了白蚁巢穴的温度调节功能。鲁斯彻尔甚至考虑了另一个问题。在巢穴内部，生活着200万只白蚁居民，它们的总重量有20千克，它们需要足够的氧气，它们培养的真菌同样如此。这就要求巢穴要有足够的通风结构，以保证获取足够的氧气，并排出多余的二氧化碳。

不同白蚁物种的通风系统需要对应不同的模型来进行解释。一个比较经典的模型取自"烟囱效应"这种物理原理。这一原理来自燃烧的炉火，因为冷空气重，热空气轻，热空气随着烟囱向上升，富含氧气的新鲜空气则从火炉底部被抽入炉内，使炉火烧得更旺。白蚁巢穴的核心便是"炉火"的能量来源，菌园产生的热量将推动整个巢穴的通风换气。巢穴内外温差越大，巢穴越高，通风降温效果就越好。完成这一构型的条件是巢穴顶部要具有烟囱（chimney），基部要具有进气口，才能完成空气的对流。这一特殊的通风体系被建筑师视为珍宝，他们因此建造了不少"会呼吸"的大厦。这其中，位于津巴布韦首都哈拉雷的东门购物中心是建造较早也是最著名的一幢。尽管地处热带草原气候地区，但这家购物中心却没有安装制冷空调，奥秘就在这里。在上海莘庄工业园区内，由上海建筑科学研究院设计建造的生态办公示范楼也有类似的通风结构。此外，法属新喀里多尼亚的吉巴欧文化中心、德国新国会大厦和英国建筑研究院环境楼等也是该类建筑中比较著名的。

采用烟囱效应建造蚁垄的白蚁包括让内尔大白蚁（*Macrotermes*

jaeanneli）、近明大白蚁（*Macrotermes subhyalinus*）和一些土白蚁。让内尔大白蚁的蚁垄只有一个高达数米的中央烟囱可以抽出空气，周围没有明显的进气孔，所以空气可能是通过离巢比较远的觅食通道开口进入的。

当然，抽进来的空气不会直接吹向白蚁巢的核心，它们会被土壁阻挡并弱化，在土壁另一侧感受到的是更加温和的渗入气流，以及舒适的温度。这些土壁就像动物的肺一样，执行了气体交换的作用，而那些流动着空气的通道就如同动物的气管一样。所以，整个蚁垄大概可以被看成一个设计精妙的控温和呼吸器官。

不过勇猛大白蚁的情况并不一样，因为它们的蚁垄是全封闭的，没有大烟囱。在萨瓦那热带草原上，它们构筑了"教堂式"的蚁垄。这种蚁垄的外壁（垄脊，ridge）比较薄，覆盖了整个蚁垄，里面和下面有很多通气的管道。在内部还存在着第二道较厚的土壁，在这道土壁的中轴有一道垂直的竖井——中央通风井（central shaft）。

驱动这种蚁垄进行气体交换的是阳光。在白天，日光照射到蚁垄上，外壁被迅速加热，

▶ ▶ 埃塞俄比亚，让内尔大白蚁的蚁垄

▶ ▶ 布基纳法索，勇猛大白蚁的教堂式蚁垄

白天  夜晚

▶ ▶ 勇猛大白蚁教堂式的蚁垒内部的空气流动模式图

图片来源：冉浩根据科布和林森迈尔在2000年的研究成果绘制

并且产生了热气流，热气流就会沿着外壁的管道上升。在这个过程中，气体通过外壁进行交换，然后到达顶部，再沿着中央通风井下沉，将新鲜的气体灌入到巢穴中——这是另一种肺与气管的结构。对于这种结构，白天，巢穴中的氧气和二氧化碳的含量几乎与外界环境等同。但到了夜晚，这一结构就不怎么有效了，巢穴中的二氧化碳浓度会有所上升，但同时也保存了热量。

在林地，勇猛大白蚁会建造另一种类型的蚁垒，这种类型被称为"圆屋顶式"蚁垒。这种蚁垒的主体是厚度比较大的外壁，只有顶部的中央塔（spire）和少数小塔（turret）部分稍薄，可以进行气体交换。结果就是热交换和气体交换的效率远不及教堂式蚁垒，巢穴中的二氧化碳浓度较高，这对白蚁和真菌都不是好事。那白蚁为什么还要选择这样的结构呢？

答案可能是温度。林地的温度不及开放的草原。由于真菌培育需要30摄氏度左右的恒定温度，白蚁选择了牺牲气体交换来保证巢穴内部的温度。在这种环境下生存的勇猛大白蚁，巢穴的繁殖力更低，繁殖活动也更少。若是将树木砍伐，它们很快就会把巢穴改造成教堂式的了。

此外，勇猛大白蚁在乌干达还有第三种蚁垄构型。蚁垄的基部有很多孔洞，洞口通向巢穴蜂窝状结构下方的地下室，这个地下室与巢穴核心通过垄壁分隔，从而防止捕食者长驱直入。空气在这些空洞中流动，流速不快，并且会随着风向发生改变。其气流方式和热交换方式还有待进一步的研究。

接下来，我们去澳大利亚看看那里的另一类特殊蚁垄，它们的建造者被称为罗盘白蚁。这些白蚁建造像墓碑一样的蚁垄，但是更加巨大，蚁垄顶部逐渐变尖，可以高达4米，长达3米。它们经常成片出现，数量甚至多达几百个。

▶ ▶   澳大利亚的罗盘白蚁巢

这些罗盘垄具有极为整齐的美感——所有的蚁垄都是南北走向的，也就是一面朝东，一面朝西。目前，已知有三个弓白蚁（*Amitermes*）物种会建造这种蚁垄。

目前，关于罗盘垄背后的机制我们还不完全了解，但已经能回答其中的一些问题了。比如，为什么它们的建造会具有方向感？

　　几乎可以肯定地回答，这与温度有关。通过调整模型的方向显示，走向会影响巢穴的温度。东面更容易获得稳定的温度——清晨，蚁垄的东面可以很快地加热，正午时分，极窄的顶面和南北面不至于使温度过高。这一点让我们想起了远古爬行动物身上的背帆，它们可能采取同样的策略来维持自己的体温。

　　但是，在维持温度稳定上，似乎一个圆形的构造会更加容易做到这一点。为什么罗盘垄会像墓碑一样拉长而不得不选择建造的方向呢？

　　答案很可能与雨季以及洪涝有关。在罗盘白蚁分布的地区，往往会有几个月非常潮湿，甚至出现洪涝，并且只有在那些存在季节性洪涝的地区才会出现这样的蚁垄。这就不是仅仅用巧合能够解释的了。一个非常可信的观点是，这样的蚁垄可以在较短的时间内风干，以防止巢穴内部过度腐败，特别是在巢穴内部储存着干草等食物的时候。

　　在我国西双版纳地区的云南土白蚁似乎同样面临过度降水的问题。近期的研究显示，它们似乎能够通过蚁垄的结构引导雨水的流向，以便及时排水。而在旱季，蚁垄复杂的结构有助于减少蒸发，维持内部系统的湿润。

　　当我们看到如此精妙的巢穴设计的时候，不免有一个想法：我们是不是可以把蚁垄看成白蚁群体的一部分？若是把白蚁和它们的蚁垄独立分开，显然就不是完整的白蚁了吧？

　　早在20世纪初，就已经有人注意到了这个问题。他就是欧仁·马来斯（Eugène Marais），一位南非的律师、诗人、作家和自然科学家。这是一位非常有爱国情怀的学者，他是荷兰殖民者在南非的后裔。因为战争的原因，他拒绝使用英文写作，而只使用南非荷兰文写作。然而此时，当年的海上马车夫荷兰早已衰落，荷兰文作品的传播范围很有限，这也为他以后的遭遇埋下了伏笔。

从1904年开始，他在南非的比勒陀利亚草原上进行研究，他研究那里的各种动植物，特别是白蚁和狒狒。他也是世界上第一位在野外研究灵长类动物行为的学者。马来斯留下了很多经典的野外研究文章，被视为动物行为学研究的奠基人之一。

通过对白蚁的研究，马来斯提出了整个蚁巢可以被看成一个生物的观点。根据这个观点，蚁垄被看成这个生物身躯的一部分，它能够生长、自我修复，并且具有功能，它可以被看成呼吸器官或者外骨骼；里面生活的白蚁是这个生物身体的另一部分，是它的血肉；蚁后和蚁王是它的繁殖器官；那些伸出巢穴的蚁路是这个生物的触手，它用这些触手去探查外面的世界，收集食物或者防御自身。

▶ ▶ 马来西亚，黎明，一队正在回巢的白蚁（*Macrotermes carbonarius*）。由于体壁很薄，白蚁倾向于在夜间外出活动

今天，这个观点得到了我们这些社会生物学家的赞同，我们也为这种生物起了一个名字，叫超个体（superorganism）。所有的真社会性生物群体都在一定程度上可以被看成是一个超个体。在这个超个体中，每一个群体成员都是一个"细胞"，"细胞"之间通过化学物质或者其他方式传递信息、协调行动，组成了一个能够对外界环境变化做出应答的"躯体"。

我在后面的章节中还要继续介绍这个"躯体"的运作模式。现在，让我们回到马来斯的工作中。

非常不幸，他的工作很可能被一位懂得荷兰语的作者剽窃了。这个人当时已经获得了诺贝尔文学奖，声名显赫。他的作品与马来斯之前发表的文章相似度极高，这给马来斯造成了很大的打击。而马来斯的作品也在他死后结集成书，书名为《白蚁之魂》（*The Soul of the White Ant*）。

在这一问题上，我不得不偏向于这位长期在野外工作并且足够了解白蚁的博物学家，而不是看起来光辉高大的著名剧作家，我甚至相当怀疑后者可能根本没有实地考察过白蚁的巢穴。如果真的是这样的话，这可真是一件可耻的事情。

▶ ▶ 枯叶堆上的细颚猛蚁工蚁，它的上颚很窄很细

图片来源：冉浩摄

游猎部族：行军与觅食路径

　　我侧耳倾听，脚边传来轻微的叽叽喳喳的声音。这是一些黑色的蚂蚁，我的打搅使它们紧张万分，并且发出了亢奋的鸣声。它们没有声带，而是通过身体的摩擦发出声音。我用镊子夹住了一只蚂蚁，准备把它装进75%的酒精里当作标本。下一刻，它逃脱了。它爬到我的手上，我感觉手上有点儿发热，然后就在发热的地方传来了针扎一样的疼痛。

　　糟糕，我被蜇到了，它正弯着腹部注射毒液呢！幸好我不是过敏体质，我赶紧把它拿开了。没多久，又一只蚂蚁爬到了我的身上。但是这次我学聪明了。身上刚刚感觉有点儿发热，就立即发现了这只蚂蚁，并把它甩掉了……

　　我面对的正是细颚猛蚁，一类有着优良行军传统的蚂蚁。

　　行军，也就是列着长长的队伍外出觅食，这与多数蚂蚁的觅食风格不同。通常情况下，应该是少数蚂蚁外出侦查，然后发现食物。如果这些食物能够由单个蚂蚁处理，它就会直接把食物搬回家；如果不能，它就返回巢穴去寻找帮手，然后带一队蚂蚁出来。但是，行军性的蚂蚁不是这样的，这些蚂蚁刚开始觅食的时候就以大部队的形式去搜索食物，或者干脆组成一支军队，去打劫其他蚂蚁或者白蚁的巢穴。

我不是第一次遇到这样生活的蚂蚁了。起先，我以为宽结大头蚁（*Pheidole nodus*）并非行军性的蚂蚁，这种蚂蚁因为兵蚁有着不成比例的大脑袋而得名，但后来的一件事改变了我的看法。

2018年的下半年，我和马林去河南省鹤壁市的淇县云梦山考察，那里曾是兵家鼻祖鬼谷子隐居的地方。淇县是个文化底蕴深厚的地方，商代的都城朝歌就在那里，相传名宰相比干也是在那里被摘了

▶ ▶ 清晨，光线终于适合拍照了，但是蚂蚁的队伍也已经变得稀稀拉拉。即使如此，当我丢了一小块火腿肠在它们的蚁路上后，它们还是非常迅速地聚集了起来，分享这突如其来的食物。图片右侧稍微大一点儿的那只蚂蚁是宽结大头蚁的兵蚁

图片来源：冉浩摄

心。我对那里挺好奇，想去看看那里的蚂蚁。

我们凌晨4点钟左右从鹤壁市火车站出站，天还黑着。在火车站外，有一小片公园，还有路灯，长凳上可以看到一些躺着休息的人。我们看天色还早，打算等天亮一些再打车赶往淇县。百无聊赖之下，我们打开了手机的照明功能，开始查看草坪

上的蚂蚁。

我们看到了长长的宽结大头蚁的行军队列，小溪流一样的工蚁和兵蚁绵延数米。这些队伍来回穿插，几乎把整片草坪切割成了若干个网格，其活跃程度与白天巢口相对沉闷的状况大为不同。这些川流不息的队伍，一直持续到了黎明时分。

另一类和大头蚁比较类似的蚂蚁——盲切叶蚁，也有行军的习性，特别是其中那些曾经被称为巨首蚁的物种。这些物种中拥有大小不等的兵蚁，存在一些很大的超级兵蚁。这些超级兵蚁的体重可能是工蚁的500倍，在整个队列中就如同人流中的大象一般显眼，一些工蚁也会不时爬上超级兵蚁的背上，搭个便车。

队伍里的超级兵蚁数量很少，它们是群体投入了大量营养才培养

▶ ▶ 近缘盲切叶蚁的工蚁行进队列
图片来源：刘彦鸣摄

▶ ▶ 近缘盲切叶蚁的超级兵蚁伴行工蚁的行
军队列
图片来源：刘彦鸣摄

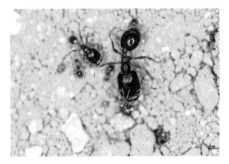

▶ ▶ 近缘盲切叶蚁的超级兵蚁、兵蚁和工蚁
图片来源：冉浩摄

出的至宝，它们除了给那些觊觎的捕食者足够的威慑外，还要帮助队伍清理石块和路障，不过大多数情况下并不需要它们出手。一旦抵达觅食场，队伍的前端会像扇面一般展开，如潮水般向前推进，形成覆盖地面的搜索队形。如果遇到猎物，经常是工蚁先拖住猎物，然后兵蚁再跟上来给予致命一击，通常一口便能结束战斗。

然而，这样的行军仍然不够纯粹。以上这些蚂蚁虽然有行军性的行为，但它们的巢穴固定，并没有整体性地到处游走。而在蚂蚁世界中，已经演化出了一些纯粹的行军性蚂蚁——行军蚁家族，它们就像游猎部族一样生活在这个星球上。

行军蚁家族的巢群大小从数万蚂蚁到数千万不等，群体成员平均数量远高于其他蚂蚁，确实有一些不同之处。比如，因为大量产卵，这些蚁后都变得非常臃肿；工蚁对视觉的需求降低，大多都不再长有眼睛；多进行周期性的哺育和狩猎交替的生活方式等。瑞特弥尔（Rettenmeyer）列出了它们的一些专有特征：

- 它们几乎完全以大规模行动所获得的猎物作为食物；
- 它们的捕猎队列从驻地不间断地绵延而出，并且至少有一个这样的队列；
- 巢穴生活具有周期性，并且经常迁移；
- 迁移常取决于巢穴大小、种类、年龄以及卵和幼虫的情况；
- 巢穴的建立方式是新蚁后带走一部分工蚁而形成两个或多个子巢穴。

事实上，大约1.1亿年前，行军蚁家族的祖先就已经具有了一定的行军特征，并且逐渐在行为上和其他蚂蚁分道扬镳。随着白垩纪时代冈瓦纳古陆分裂为南美大陆和非洲大陆，两边的行军蚁又各自走上了独立演化的道路。最终，行军蚁在被称为"旧大陆"的欧亚非大陆和被称为"新大陆"的美洲大陆上，各自形成了不同的体系。它们一方面彼此相似，另一方面又各自演化出了一些独有的特征，向我们展示着大自然生命的多样性。

总体来说，行军蚁都生活在热带和亚热带湿润的地区，只有在那样的气候条件下，才有足够多的食物来维持它们庞大的群体。亚欧大陆的行军蚁大约在距今5 000万年前的时候演化成功，其中凶名最盛的就是被称为矛

▶ ▶ 在行军队伍的周围，矛蚁的大工蚁（兵蚁）正在警戒

蚁的非洲行军蚁。

矛蚁的蚁后生殖力惊人，一个月就能产下300万~400万枚卵，其蚁后存在着频繁的反复交配现象，这种情况不仅存在于行军蚁中，在蜜蜂中也存在。克若纳尔（Kronauer）等人认为，来自不同父亲的精子被使用，使得群体中的遗传多样性较大多数蚂蚁类群要高，也使得群体在遗传上更加健康。有些原住民喜欢行军蚁光临，当行军蚁到来的时候，他们就撤离，等再搬回来的时候，屋里各种讨厌的虫子都被打扫一空了。行军蚁的威力过于巨大，往往会引起猎物的罕见行为：在西非，大型蚯蚓发现行军蚁大军迎面而来，它们会钻进土里吗？不，它们会躲到最近的树上。有些蜗牛会吹泡泡，足以掩饰并保护自己。即使脊椎动物也不得幸免——非洲尖鼠的长腿和惊人的跳跃能力就是为快速逃避行军蚁群而发展出来的功能。

▶ ▶　非洲乌干达一种矛蚁的行军队列

如同溪流一般的行军队伍到处劫掠，消灭沿途遇到的任何比它们跑得慢的小动物，但它们的主要目标是昆虫和蜗牛之类的小型无脊椎动物，并不是大型动物，更不是人类。事实上，它们远没有传说和故事中说的那么可怕。即使是有上千万成员的矛蚁群体，总重量也不过几十千克。虽然它们能击败单个人，但去围攻农场或者追杀大群的牛羊等却不现实。即使是跑，它们也不可能在一两秒钟内跨过我们一步的距离。所以除非你站着不动，否则只要你能稍微走动，它们追上并吃掉你的可能性几乎为零。

数以百万计的蚂蚁使得群体的食量巨大，而且为了维持群体的规模，它们还要抚养大量的幼虫。如果是在食物资源相对不足的地方，那就得想想别的办法了。在我国华南等南方地区，也有一种巢穴规模不逊于矛蚁的行军蚁——东方行军蚁，两种蚂蚁确实是亲戚。东方行军蚁的工蚁是体长4~8毫米的黄褐色蚂蚁，主要在地下活动，偶尔可以在菜地表层看到。工蚁的视力极差，但是雄蚁的视力很好，个头也不小，有25毫米长，大大的肚子让人容易产生误解，它们被形象地称为"香肠蚁"。

华南不比非洲的热带丛林，食物资源有限，所以东方行军蚁也取食植物。它们吃萝卜和西瓜等，甚至可以将植物作为主要的食物。因此，它们一度被称为"东方植食行军蚁"。然而"植食"两个字终于还是被拿掉了，因为有可能的话，它们还是会抓点儿虫吃，主要的目标就是土栖白蚁。虽然白蚁也可以形成很大的巢穴规模，有些也能达到百万级，但是和蚂蚁对比，它们的战斗力仍然不在一个层面上。白蚁的行动迟缓，除了头部比较坚硬外，身体的其他部分都比较柔软，

▶ ▶ 东方行军蚁大工蚁（兵蚁）和小工蚁
图片来源：冉浩摄

很容易被行军蚁的上颚撕裂。而且对行军蚁来说，白蚁最"可爱"的地方是，它们会聚集在一起保卫巢穴，而不是四散逃跑。所以，东方行军蚁有时可以把白蚁整窝端掉。你可以在湖南、广东、广西、云南、贵州、福建、四川、江西、浙江、海南和重庆等省份见到它们，特别是在西双版纳，你很容易遇到它们。

除了东方行军蚁，在我国的大地上，还有一类双节行军蚁。它们在演化的时间上稍晚，分布上与东方行军蚁有重叠，主要分布在从伊朗到澳大利亚的热带和亚热带地区，是体形较小的行军蚁类群。它们善于猎杀其他蚂蚁，但是我们对其知之甚少，甚至双节行军蚁的分类和鉴定都颇为混乱。如目前全球已知100多种双节行军蚁，但是其中有大量的物种是只用工蚁或者雄蚁定名的，很多蚂蚁物种的品级都无法对应。我们期待这样的情况能很快改观，但是现在看来，还需要一段时间。

在美洲大陆，行军蚁有另一个名字——游蚁。它们大约在6 000万年前演化成功。游蚁是大陆上的流浪者，它们同样劫杀各种小昆虫，或者任何挡路的其他动物，比如受伤的小鸟或者蜥蜴。游蚁的群体规模要小于矛蚁，一窝大概有100万只。但在游蚁队伍中，有让人

▶ ▶ 双节行军蚁的队伍

图片来源：刘彦鸣摄

印象极为深刻的兵蚁，它们比矛蚁的兵蚁更加犀利，拥有巨大的钩子状上颚，专为战斗而生。这使得兵蚁从外观上看犹如一头头长毛象，能够对脊椎动物造成伤害。它们活动在队列的外围，承担保卫任务，并威慑觊觎它们的鸟类等捕食者。

布氏游蚁（*Eciton burchelli*）和钩齿游蚁（*Eciton hamatum*）是研究最为透彻的两种游蚁，它们广泛分布于巴西、秘鲁和墨西哥等地的雨林地区，栖息地有重叠。但是，两者的捕食对象却不完全相同。

布氏游蚁擅长撒网式的围猎，著名的蚁学家威尔逊共享了找到这些小恶霸的迅捷方法：上午9—10点的时候在雨林中悄悄地、慢慢地前进，竖起耳朵倾听，说不定你就会听到"吱吱、唧唧、咕咕"的叫声。这是跟随布氏游蚁的鸟儿的叫声，它们在伺机捕食被行军蚁驱赶出来的昆虫。接下来，你将听到寄生蝇的嗡嗡声，它们盘旋在蚁群的上空，不时俯冲下来在忙于逃命的猎物身上产卵。再往后，便是各种昆虫的嘶鸣声，所有的昆虫都在和行军蚁队列抢时间，混乱和歇斯底里的氛围弥漫在逃命的昆虫中。很少有节肢动物能够直接抵抗游蚁的进攻，蜘蛛、蝎子、甲虫……它们也许是丛林中的捕食者，但是此刻却沦为了猎物，被逮住、杀死甚至撕碎，再被运回行军蚁的驻地。

钩齿游蚁则不同，它们擅长攻打其他社会性昆虫的巢穴，比如蚂蚁或者蜂类。与布氏游蚁向外发散的觅食队伍不同，钩齿游蚁的觅食队列倾向于更窄的几条主要蚁路。因为它们的对手同样具有一定的自卫能力，通过更集中的蚁路，它们可以迅速调集兵力。而钩齿游蚁的后脑勺两侧还各具有一个明显的尖锐的刺，这能起到保护作用，以防

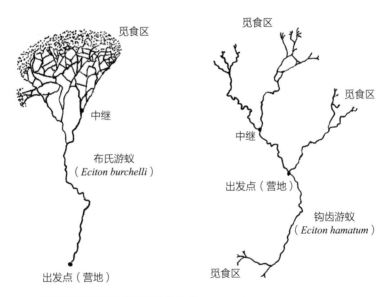

▶ ▶　两种游蚁的觅食队伍（改绘自Rettenmeyer）

止它们在和其他蚂蚁搏斗的时候被咬住脖子。最终，它们将战胜敌人，并将对手巢穴里的卵、幼虫和蛹搬走，作为自己的口粮。在雨林里广泛分布的大头蚁正是典型的受害者。

与旧大陆的行军蚁相同，游蚁采取分群的形式繁殖。钩齿游蚁中的这个现象被认真地进行了研究。在一年的绝大多数时间里，群体中的蚁后都是工蚁眼中极具吸引力的存在，也是群体最关注的角色，直到群体里出现了几只特殊的幼虫——蚁后幼虫。从幼虫期开始，这些小小的蚁后幼虫就开始了它们的夺权计划。游蚁在迁徙的时候，幼虫总是会被工蚁搬运着，它们被工蚁拦腰抱起，拥在怀里，这非常

▶ ▶ 钩齿游蚁的行军队列

▶ ▶ 钩齿游蚁用身体形成的蚁桥

▶ ▶ 钩齿游蚁的兵蚁，它有巨大的上颚，还有头后的尖刺

类似母猴行走时将幼崽吊在怀中。此时，工蚁的口部正好和幼虫接触，以便于进行喂食以及随时抚慰幼虫和交流信息等。这样的接触能够增强群体的凝聚力，有助于尽快把新生个体融入群体中。但对蚁后幼虫来讲，这可能是引起群体分裂的开始。蚁后幼虫散发出气味，开始对工蚁们产生影响，每晚王室的幼虫被转移到新的营地后，就被放置在离老蚁后很远的地方。越来越多的工蚁分别聚集在各个蚁后幼虫周围，用口与幼虫接触，传达出对新女王的敬意和宠爱，它们的侍从不断增加。而那些忠于老蚁后的工蚁则在另一侧。直到最后，当新女王成功发育到成年的时候，整个群体分裂了，它们各走一边，从此老死不相往来。而新女王的气味会吸引远方的雄蚁赶来交配，从而成为群体新的繁殖力量。

在美洲大陆，同样有双节行军蚁的相似物种存在，它们被称为邻游蚁，也主要袭击其他蚂蚁。邻游蚁也是一群让人感兴趣的小蚂蚁，这些蚂蚁在体形上较小，分布在从阿根廷到美国南部和西部的广大地区，在雨林甚至是住户后院和空地上到处游荡。相对游蚁，它们的体形较小，也更容易被爱好者和观察者接触到。如果你有机会前往这些地方，说不定就能看到它们排列着长长的队伍，袭击其他蚂蚁的巢穴，那将是一件非常值得蹲下来仔细观察的事情。

现在，我们不妨以超个体的眼光来审视行军蚁的王国：这是一个不需要有外壳的超个体，它在夜晚的时候收缩成一团，蚁后、卵、幼虫和蛹被保护在由工蚁相互勾连形成的体壁内部，沉沉地睡去。当黎明的第一缕阳光照射在它的身上时，这团蚁球开始舒展自己的身体，向外的行军队列是它的触手，它用触手去探索世界，获取食物。当它已无法在一片土地获取足够的食物时，它就收拾行装，像流水一样赶往其他地方……

几乎与上一章中的马来斯处于同一时代的大蚁学家惠勒（William M. Wheeler）也注意到了蚂蚁的这些特性。几乎是同时，甚至更早，惠勒也提出了蚁群是个有机体的概念。1911年，他发表了论文《作为一种有机体的蚁巢》（*The Ant Colony as an Organism*），一针见血地将繁殖蚁称为"遗传物质"，而将工蚁称为"细胞"。来自蚂蚁和白蚁的两个不同领域的博物学家真是英雄所见略同。

▶ ▶ 隐藏在草丛中的针毛收获蚁巢
图片来源：冉浩摄

昆虫农国：捡种子、种蘑菇与自组织

秋日里，在中国科学院植物研究所对面的北京植物园里，我正行走在几棵高大的树木下面。突然间，我瞥到了一个小小的队伍，一群黑色、大概只有五六毫米的小蚂蚁正来来回回地忙碌着，返回的蚂蚁嘴巴里都叼着一颗小小的种子。

啊，正是收获的季节。我最熟悉的蚂蚁之一——针毛收获蚁（*Messor aciculatus*），我们又见面了。

这正是它们活跃的时间。它们平日里很少出来活动，即使是蚂蚁世界最为隆重的交配仪式，露面的工蚁数量也不超过百只。它们是非常低调的蚂蚁，但是当秋季到来，其他蚂蚁的活动都在逐渐减少的时候，它们却开始活跃起来，因为秋季是收获种子的季节。

即将到来的冬季，几乎对所有的温带和亚热带生物来说，都是最严酷的时光。在冬季，寒冷使动物将消耗更多的能量来维持活动，同

▶ ▶ 在斑驳的树影下，我看到了一个小小的队伍

图片来源：冉浩摄

时，食物资源在此时也是最为匮乏的。昆虫这些"冷血"动物无力反抗季节的变迁，大多数都会随着深秋的到来，在饥寒交迫的环境中死亡，也有少数昆虫能够在寒冬中幸存下来，它们会通过冬眠跨过寒冬。但是冬眠也是有危险的，它们必须小心翼翼地使用自己储备的能量，稍有不慎就可能因为营养耗尽而丢掉性命。

夏季和秋季储备的食物将决定这些小生命能否度过冬季。蚂蚁和蝗虫的童话让大多数人以为蚂蚁会把粮食堆放在窝里，就像老鼠那样。但多数蚂蚁并不是这样做的，它们会把食物储存在身体里。每一只蚂蚁都是群体的一个"钱罐子"，它们把食物储存在一个叫作嗉囊的胃里，当同伴需要营养时，它就把食物从嗉囊中吐出来，反哺给同伴。

但是，童话中的情节在蚂蚁中也确实存在，收获蚁就是这样。收获蚁在蚁学界非常出名，它们因为像仓库管理员一样分门别类地码放种子而得名。收获蚁和大头蚁是同族，但和大头蚁那类凶悍的战斗偏执狂不同，收获蚁几乎完全是素食主义者，食物来源就是植物的种子。从这种角度上来讲，收获蚁倒是很像以农业采集为支撑的昆虫王国。

在中国，大约分布着十几种收获蚁。这些蚂蚁在各种生态系统中收集各种各样的种子，但总的来说分布在温带和热带的干燥地区。由于种子中富含淀粉、油脂和蛋白质，营养丰富，蚂蚁进化出收集种子的行为并不意外。在我国，针毛收获蚁是分布最广泛的。

针毛收获蚁对种子也是有选择性的。据说如果是它们喜爱的种子，收获的程度可以达到100%。收获的种子被搬运到巢穴里特定的小室储存起来，作为群体的粮食。但是这些粮食往往不能被蚂蚁完全享用，有些会幸运地留下来。来年如果遇到潮湿的天气，这些种子就会发芽，从土里长出来。无意之中，蚂蚁充当了一回播种者的角色。但这未必是件坏事，这些被丢弃的种子会生根长大，新结出的种子就能成为收获蚁下一年的生活保障。

▶　爬上草尖，准备婚飞的针毛收获蚁后。蚂蚁繁殖蚁的飞行能力都不太强，爬高一些可以节省体力
图片来源：冉浩摄

与行军蚁那接近意大利蜜蜂般分巢的繁殖方式不同，收获蚁通过婚飞繁殖。对针毛收获蚁来说，每年的4月，长着翅膀的雌雄繁殖蚁会从巢穴中起飞。没错，在巢穴中占据绝大多数的工蚁没有翅膀，不能飞行，但是繁殖蚁不同，它们能够飞上蓝天，在空中完成交配。交配之后，雌蚁和雄蚁就会分开，用不了多久，雄蚁就会死亡，雌蚁则开始自己单独的建巢之旅。与多数蚂蚁不同，针毛收获蚁的蚁后倾向于合力建造巢穴，然后形成多蚁后的巢穴。而且针毛收获蚁的新蚁后具有很强的能力，可以俘获

▶▶　共同筑巢的针毛收获蚁的蚁后
图片来源：冉浩摄

来自其他巢穴的工蚁。相比单独
建巢的蚁后，它们的成功率大为
增加。

　　而另一个农业类群——美洲
的高等切叶蚁，更倾向于由单一
蚁后组成庞大的巢穴。从农业的
角度来看，它们的层次更高，和
养菌白蚁一样，这些切叶蚁也培
养真菌，而且它们已经掌握了很
高水平的农业种植技术。在中美
洲和北美洲的热带和副热带地
区，芭切叶蚁（*Atta*）和顶切叶
蚁（*Acromyrmex*）是当地的优势
物种，也无可争议地是当地人和
游客们心中最著名的蚂蚁。

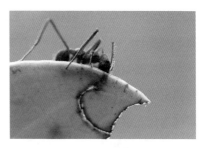

▶　▶　正在进行切叶操作的芭切叶蚁工蚁

▶　▶　搬运叶子的顶切叶蚁工蚁。相比芭
切叶蚁，顶切叶蚁身上的刺更多，
它们的巢穴规模也要小得多

　　这其中大部分的原因是它们形成了非常庞大的叶片采集和运输队
伍，它们甚至能将250米以外的叶片运到巢穴。这样壮观的蚂蚁队伍
会引起大多数人的关注和兴趣，当然，这里面还有另一个原因——对
当地的农民来说，会偷走菜叶的它们可是个大麻烦。这些小家伙用植
物的叶子等培育的"蘑菇"，实际上是一些类似面包霉菌的线状菌丝，
整个群体以这种奇怪的"蘑菇"为食，并得以发展成庞大的类群，大
型的巢穴几乎是以一头奶牛的食量在消耗着叶子。这种种植活动开始
于数千万年前，它们是少有的掌握了种植技术的生物类群之一。由于

这些特别的嗜好，它们也成了目前我们研究得最为详细的类群之一，特别是芭切叶蚁更是研究得非常透彻。

养菌蚂蚁的农业模式应该是在美洲大陆与非洲大陆分离后的某个时间出现的，它们发迹的时间大约在 5 500 万年前到 5 000 万年前，这时候地球正在经历着一个全球变暖的时期，南美的植被也非常丰茂。在整个进化历程中，一共出现了五种类型的"农业模式"。

第一种为"低级农业"（lower agriculture）。共有 76 种切叶蚁被发现有这样的模式，它们的"农业活动"具有很多原始的特征，栽培很多伞菌（Leucocoprineae），也就是有菌盖的蘑菇，这种大概可以叫作真正的蘑菇。它们的培育手段相对古老，也没有专属的菌种，都来自环境中可以独立生长的真菌，而且在蚂蚁培养蘑菇的过程中也会感染霉菌（Escovopsis），但是蚂蚁似乎没有什么好的应对手段。这种模式被一些学者认为是比较接近最初的"真菌农业"的模式，可能在 5 000 万年前到 3 000 万年前就已经出现。

第二种为"珊瑚菌农业"。所谓珊瑚菌（羽瑚菌科，Pterulaceae）是一些没有菌盖、看似珊瑚的真菌。美洲的珊瑚菌类可能大家都不大熟悉，但是亚洲也有类似的真菌，其中一种很有名气的叫猴头菌。从事这种种植活动的是属于无刺养菌蚁家族（Apterostigma）的一部分蚂蚁，这个家族体表没有大多数养菌蚁那样显眼的刺。有趣的是，共有 34 种无刺养菌蚁以珊瑚菌为食，而其余的家族成员则培养和其他养菌蚁类似的真菌，似乎培养珊瑚菌是这个家族新进化出来的一个嗜好。

第三种为"酵母农业"（yeast agriculture）。这种情况比较特殊，培育的不再是大型真菌，而是单细胞的酵母菌，有 18 种蚂蚁从事这一行业，它们属于凹养菌蚁（*Cyphomyrmex*）。不过这种"酵母"在人工培养基上可以恢复菌丝生长，和多细胞真菌的菌丝形态极为相似，实际上是切叶蚁传统菌种的一个变种。

以上三种"真菌农业"有时也被统称为"低级农业"。它们利用的并非植物活体，而是脱落的树叶和花瓣等，也会用昆虫的粪便和尸体等来作为培养基。一般群体数量少于100只，生活也比较低调和隐蔽，属于比较弱势的群体，目前我们对其所知较少。

第四种为"近高级农业"（generalized higher agriculture）。这是一种和最高级的切叶蚁极为相近的类群，它们不会去收割植物的叶子，和上面三种真菌养殖模式类似，主要由沟养菌蚁（*Trachmyrmex*）、光养菌蚁（*Sericomyrmex*）和似切叶蚁（*Pseudoatta*）三类蚂蚁组成。

第五种也是最后一种模式是"高级农业"（higher agricultire）。这是最高级的真菌培养形式，不仅有专属的菌种，还有收割新鲜的叶子和花朵来培养真菌的行为，芭切叶蚁和顶切叶蚁就属于这种。它们能够形成庞大的群体，数量都在万只以上，与那些惨淡经营的"低级农业者"大大不同。

芭切叶蚁是拥有自然界最精细社会的生物之一，这源自它所进行的特殊农业生产、庞大的群体和神奇的社会分工。整个巢群从一只蚁后开始，这些为交配而生的"公主"会选择一个合适的时机从巢群中飞出来，如德州芭切叶蚁（*Atta texana*）在夜幕的掩护下开始婚飞，而六刺芭切叶蚁（*Atta sexdens*）则选择在午后婚飞。这些"公主"雌蚁的身上都携带着巢穴的嫁妆——一小块菌种。在天空中，雌蚁和雄蚁追逐交配，每只雌蚁接受5只或者更多雄蚁的交配，每只雄蚁体内有4 000万到8 000万枚精子。雌蚁将收集到数以亿计的精子,这些精子将被雌蚁终身使用,也许是10年,也许是20年——如果它能活下来,它可能产下总计超过2 000万甚至更多枚卵,这将为建立一个庞大的巢穴打下基础。如果交配不顺利,雌蚁在受精前还可以返回母巢获得庇护,择日再次婚飞。一旦交配成功,雌蚁就必须走上一条不归路,去开创自己的王朝,尽管成功的概率只有两千分之一。

落地后的雌蚁折断翅膀开始建巢,它会寻找一块不太湿润也不太干燥的土地。如果太干燥,它要么另寻地址,要么寻找水源,用上颚将水一滴一滴运回,使之便于筑巢。如果土壤太湿润,则更易于被真菌侵害。这是一个严重的问题,因为对单只蚂蚁来说,没有其他蚂蚁帮助它清洁身体。婚飞后90%的蚁后会死去,原因就是真菌侵袭,而非遭到其他猎食者的攻击。

它会向下挖掘一个深大约30厘米的"竖井",最后开辟出一个宽度为6厘米左右的小室,这就是巢穴的起点。在黑暗的巢穴中,它吐出离开巢穴时一直珍藏在舌下的真菌,将其放置在巢室内,然后弯曲腹部,对准真菌顶部,喷出一股黄棕色的粪便,于是,真菌在施肥后开始生长。它在另一角产下3~6枚卵。在以后的两周内,每隔一两个小时它便用粪便浇灌一次真菌,并产下更多的卵。但是,大多数卵却被蚁后自己食用或者储存起来以备喂养工蚁,只有大约20~30枚卵被放在真菌旁边。随着真菌的生长,孵化的幼虫即可以食用真菌。大多数情况下,在这个过程中,巢穴是封闭的,隐藏在地下,但是也有些雌蚁会跑到地上去寻找叶子作为肥料,不过那将是一个危机四伏的旅程。大约30天左右,头一批卵、幼虫和蛹便被一丛快速生长的真菌围住。

40~60天后，第一批工蚁出现。这时候，雌蚁已经消耗了绝大部分能量，不过它也从艰苦的劳动中解脱了出来，后面的事情就交给工蚁去做了。

这一批工蚁必须要完全接管真菌的培育，因此它们必须包含能够在巢内管理真菌的小型工蚁和能够切割叶子的较大型工蚁，而不应该有体形过大的兵蚁，因为它们会消耗群体过多的食物，反而威胁群体的生存。威尔逊等人估计，这些工蚁的头宽在0.8~1.6毫米之间，除了少数例外，事实确实如此。"切叶蚁巢群精确地完成了该做的事。在本能的指引下，超个体适应性地对环境做出了反应。"

不过这时候的群体仍必须小心翼翼，大约需要8个月左右的时间，巢群才会培育出可以寻觅足够食物并有一定自卫能力的工蚁。任何时候工蚁都必须随时关闭洞口，直至培育出兵蚁。随着巢群的发展，最终这里将成为一个超级都市，其外观直径可以达到10米，甚至更大。即使在卫星地图上，也依然可以找到它们的影像。确切地说，很多蚁学家就是这样寻找它们的。拿巨首芭切叶蚁（*Atta cephalotes*）来说，它们的巢穴内可以包括多达500万只工蚁，蚁后可以生存15年。而德伦怀德芭切叶蚁（*Atta vollenweideri*）的巢穴规模可以达到400万到700万只， 六刺芭切叶蚁则可以达到500万到800万只。

在这个超级都市里，工蚁被外派，它们从树木和其他植物上切下叶子、花瓣或者其他部分。一旦探路的蚂蚁发现了合适的植物，它们就会留下气味的路径，然后回去召集同伴。中等体形的工蚁头宽大约2毫米，负责切割下树叶，然后把叶子搬回巢穴。体形较小的蚂蚁来回跑动，担任警戒任务。有些小型蚂蚁会跑到正在搬运的叶片上"搭顺风车"，这种行为的原因目前还不清楚，解释之一是为了避免寄生蝇从空中攻击正在劳动的中型工蚁以及在它们身上产卵。这些工蚁忙碌不已，整个蚁路熙熙攘攘，如果将6毫米的工蚁放到1.5米的尺度上，小径上的工蚁们必须以每小时26千米的速度奔跑15千米左右的路程，而它们很可能还扛着300千克甚至更重的重物，其强壮程度远非我们人类可比。

▶ ▶ 从高处剪下来的叶子会直接被丢下，掉落到地面，工蚁会从那里直接取走叶片。图中是六刺芭切叶蚁

运输队伍中同样夹杂着巨大的兵蚁，它们的头宽可达7毫米，体长超过1.7厘米，这些兵蚁强大的上颚可以切开皮革，对小动物造成伤害。兵蚁曾经被认为单纯为了战斗而存在，但最新的研究表明它们可能还有其他功能。当巢群蚂蚁数量达到10万只时，就会诞生第一批这样的兵蚁。

树叶将被运送回巢穴。这个庞大的地下都市最深可以达到6~8

米，最宽处占地面积大约几十平
方米，整个巢穴中大大小小的房
间被通道相连。数以百万计的蚂
蚁在这里忙碌，但是这样巨大的
巢穴拥有精妙的通风结构，与那
些白蚁巢穴一样，整个巢穴从表
层到中心的空气都是流通的。之

▶ ▶ 正在运输叶子的巨首芭切叶蚁队伍

后，叶子将交给小一些的工蚁。这些工蚁将把叶子送到众多农场中的
一个，在那里，叶片将被更小的蚂蚁逐级切成小块，直到被咀嚼成为
菌床。不同的切叶蚁菌床的准备和栽培方法不同，这种行为具有一定
的学习性，可见切叶蚁的智力高于一般蚂蚁，更高于一般昆虫。绒毛
状的真菌将由巢穴中最小的蚂蚁照料，它们最后把生产出的"蘑菇"
分配给巢穴中的其他成员。切叶蚁拥有极多种类的分工，不同工蚁的
头宽可以相差8倍，身体干重可以相差200倍。在巢穴里甚至有一类
小蚂蚁专门从事垃圾管理，它们驻扎在垃圾场，不断翻动垃圾，让它
们迅速被分解。而这些垃圾分解所产生的热气流也成了整个巢穴空气
流通的发动机。

　　"田间管理"也很重要。多伦多大学的卡梅隆·柯里发现，如
果疏于管理，种植园很容易就会感染一些杂菌，比如一种霉菌
（*Escovopsis*）能在几天之内让整个种植园毁灭。为了保护它们种植的
真菌，切叶蚁巧妙利用了生长在它们皮肤上的链酶菌（*Streptomyces*）
所产生的抗生素，这些抗生素能高效地杀死包括霉菌在内的入侵者。
早在大约数千万年前，切叶蚁就找到了链酶菌，这要远远早于我们找

到青霉素，这是自然界中使用抗生素的绝佳案例。而且，为了防止菌丝过度繁殖，小工蚁也会不时将有些菌丝清除掉。有时因为小工蚁的数量不够，菌丝泛滥难以阻止，消耗了大量的氧气，这会使幼虫窒息而死，造成整个群体的毁灭。因此，一旦将要发生这种菌丝疯长的迹象，工蚁只好带着蚁后和幼蚁等弃家而逃。

然而，非常值得一提的是，尽管切叶蚁正在进行着非常复杂、精细的工作，在这个多达数百万个体的巨型城市中，却没有发号施令者。蚁后并不是领导者，它只负责生育。包括蚂蚁、白蚁和蜜蜂等几乎所有的真社会性生物都是这样。

这件事情需要在超个体的观点下来解释。根据这个观点，群体被看成一个完整的有机体，群体的成员被看成组成有机体的细胞。它们的组织方式和我们体内的细胞确实相似。由于品级的数量相对我们体内的细胞种类还是少了很多，所以即使品级众多的切叶蚁也是如此，这就要求社会性昆虫的每一个品级必须比我们体内的细胞更全能，能够承担更多类型的工作。

在我们体内，一种细胞通常只执行一项功能，比如运动系统的骨骼肌细胞只负责舒张和收缩，而免疫系统的浆细胞只负责产生抗体，它们一旦产生，终生不会改变自己的功能。而超个体内的劳动品级则不同，它们在需要的时候会切换自己的模式。比如正在挖掘巢穴的工蚁，在遇到卵或者幼虫以后，可以迅速从建筑工模式中脱离出来，切换成保姆模式，将卵和幼虫搬运到巢室中照顾；或者，在遇到外敌入侵时，它们会迅速从工作状态切换到战斗状态。

一个理论上完美的劳动体系，应该是按照族群的需求比例来设置各个劳动角色和品级的。然而实际上，很难达到这种状态。而且在严酷的大自然中，什么事情都有可能发生。为了获得最大的效能，它们必须能够经常在几分钟内从一个角色转换为另一个角色。即使是在功能上被设定为以战斗为主要职能的兵蚁，在工蚁大量损失以后，也可以转而从事工蚁的工作。尽管可能会略显笨拙，但它们确实可以。

另一种分工方式则被形象地称为时间性品级。这个变化几乎总是这样的：刚刚诞生的工蚁或者工蜂往往会先从事巢穴内的工作，包括照顾幼体和母体；步入中老年后，则主要从事巢外的工作，如觅食和保卫。基于美洲地区的盘腹蚁的研究则表明，这也许与随着年龄增大工蚁的卵巢彻底退化有关。从生存上来讲，这也是英明的策略。因为巢外活动的风险很大，个体推迟到生命的后期才去觅食，对族群是有利的。当然，群体依然会灵活地进行调节，如当外出觅食的老年工蚁数量不足时，年轻的工蚁也会外出；反过来，当巢内的工蚁不足时，老年工蚁也可以回头去承担巢穴内部的工作。

接下来，摆在我们面前的问题就是，群体是如何来协调这些工作变化的？社会性昆虫的劳动品级又是如何准确地知道自己该做什么的？

首先，在整个群体里，没有哪个个体有足够的智力可以掌控整个巢穴的形势。所有个体都在通过自我感知来判断周围环境的变化，然后根据自身的状态，决定自己要从事什么样的工作。

然而，这并没有导致混乱的产生。它们所依靠的是基于本能的算法，或者说是一系列固定的程序。每个程序对应着一种行为，而触发这种行为的往往是一个二元选择——做，或者不做。

它们简单的神经规定了对外界环境刺激响应的阈值，也就是做出选择的最低刺激强度。举个例子，比如一只蜜蜂正在从事一个行为A，它接触到了一个环境刺激，这个刺激可能会引发行为B。这时候，蜜蜂的神经会评估感觉器官接收到的刺激，并且读取自身设定的最低启动值，也就是阈值，从而进行比较。如果刺激强度被判定为达到了阈值，则蜜蜂出现B行为，否则就维持A行为。

现在，我们在这个例子的基础上继续演绎。假设这个事件发生在蜂巢中，是一次采蜜的召集行为，负责侦查的蜜蜂采蜜返回后，开始向同伴传达出召集信号。蜜源的质量越好，它所发出的召集信号就越强，蜜源的质量对它来讲是一种刺激。同时，它发出的召集信号对同伴也是一种刺激。这时候，靠近侦查蜂最近的工蜂会感受到召集信号，如果达到了它的阈值，它就可能外出采蜜；而距离较远的工蜂受到的刺激很弱，不能达到它的阈值，它就仍然保持原来的工作。侦查蜂的附近显然不会只有一只工蜂，所以它的个体行为会导致一定数量的工蜂外出采蜜。请注意，这时候一次群体行为已被触发了。如果蜜源丰富，则会有更多的蜜蜂成功采蜜返回，同时发出召集信息。这时候，更大规模的外出行动发生了，并且会随着越来越多的工蜂返回，不断扩大规模。反之，当到达采蜜活动的尾声时，蜜源减少或者枯竭，达不到引起蜜蜂出现召集行为的阈值，返回蜜蜂的召集行为减少，外出的蜜蜂就会因此减少，直至停止前往这个蜜源采蜜。

这时候，一种宏观的"智慧"就产生了——蜂群似乎了解蜜源的情况，并且会据此派出合适数量的工蜂。然而事实上，这只是一系列简单运算的组合，所有的蜜蜂只是在是否发出召集信号和是否外出这两个简单的事件上做出二元选择。在整个事件中，没有绝对的发号施令者。即使有工蜂发出了信息，其他工蜂仍然会自行决定做还是不做。而很多时候，刺激只是来源于自然界，而非同伴，比如冷热、干湿和空气中的二氧化碳浓度等。

这样的社会组织方式就是自组织。这种组织形式的好处就是，可以让只有较低智力水平的生物去创造一个复杂的社会。哪怕这些生物只能掌握一些简单的算法，简单算法所能汇集起来的复杂度实际上也是无穷的。以三次二元选择为例，那就可以有2的3次方种结果，也就是8种组合模式。而随着二元选择次数的增加，可以发生的组合模式会呈几何级数增长，直到出现一个天文数字。相应地，你将观察到复杂的行为。而当你把视野从一个个体放大到整个族群的时候，无数复杂性汇集起来就组合成了群体的生存策略——整个群体会随着环境的变化，如同有智慧一般，可以微调自己的行为，当然也可以发生剧烈的变化。

在这个群体中，每个个体就是一个计算单元，单元与单元之间通过物理接触、化学气味和视觉信息等感官彼此传递信息。然后，通过族群成员联合的感官和大脑，族群本身能像一个信息处理系统一样运作。群体成员的数量越多，对信息的处理和加工能力就越强，所呈现出来的群体智慧也就越高。在计算机领域，类似的分布式计算被用来获得远超单个计算机的运算能力。这也是超个体强大的根源。

庞大的切叶蚁社会正是这样的情况，由于巢穴中拥有庞大的成员数量，它们具备远超其他真社会性动物的计算能力和处理能力，这使它们足以维持系统的运转。基于此，这个由蚂蚁、细菌和真菌组成的庄园涉及多个工种、若干物种和一系列的工程和动力学问题，通过自组织，形成了极为复杂的体系。它被誉为这个星球上终极的超个体。

▶ ▶ 阿拉斯加海域，一头座头鲸正在觅食，你可以从它张开的嘴巴里看到毛刷一样的鲸须

海之文明：鲸豚与动物的文化传承

我在电脑桌前来回溜达，有点儿举棋不定。

写到这里，这本书已经接近尾声了，我却为下面这两部分内容的位置烦恼起来了。这本书第二部分内容的排序方式非常明显，当一个类群的社会性越强，社会化程度越高时，我就越倾向于把它向后放。按照社会生物学家的观点，毫无疑问，社会化程度最高的当然是真社会性的动物类群。威尔逊在他的书里将切叶蚁评价为终极社会，它们理所当然地应该压轴出场。但是，在处理鲸类和灵长类动物的时候，我却依然会犹豫。

这是因为这两个类群与一个特别的概念——文化——密切地关联在了一起。鲸类如此，灵长类也是如此。甚至在整个灵长类动物中，还有一个最突出的物种——智人，也就是我们人类自己。严格来讲，我们并非生物学意义上的真社会性生物。我们没有因为分工而发生身体结构的变化，也没有出现非生殖品级，更没能形成超个体。如果从这个层面上来讲，我们大概确实没有资格排在蜜蜂、白蚁或者蚂蚁的后面。

但是，我们确实构成了复杂的社会，不仅存在非常细致的劳动分工，甚至还有职业资格等级认证考试这种"可怕"的东西。我们与那些真社会性动物似乎走向了生物终极演化的两个岔路。在一条路上，真社会性动物通过遗传和生理来强力整合和约束社会中的成员，使它们像细胞一样成为群体的一部分；而在另一条路上，它的约束和整合力量却是文化。通过文化和知识的传承，我们不仅能够制造出极其精密复杂的机械，甚至已经能修改生物的遗传密码。我们的社会组织结构同样精细，还具有更高的可塑性，从某种程度上来说，应该不输于那些真社会性物种。我想，这也是一些脊椎动物研究者不完全赞同"真社会性"这一提法的重要原因之一吧？

文化与知识赋予了我们跳出身体力量的限制，强势地生活在这个星球上。我们是迄今为止已知的唯一一个掌握了摧毁整个地球生态系统的力量的物种。从这个角度上来讲，在这个星球上的灵长类动物确实居于地球生态舞台的中心位置。最终，因为文化以及作为人类本身的一点点虚荣，我决定将这两个类群放在本书的最后。

稍后我又找到了另一个说服自己的理由。那就是虽然真社会性的昆虫社会化程度极高，但如果从多层社会（重层社会，multilevel society）的角度上来讲，它们仍只是极致化的家群罢了。而很多哺乳动物在家群之上还有更多的社会层次，如氏族、社群等（在后面我会进一步阐述）。当然，以我野外考察的经验，至少在蚂蚁之间一定存在着巢穴之上的更高层级的社会结构。但目前，我们对社会性昆虫超个体的研究仍十分有限，概念也不甚明确，尚达不到对哺乳动物多层社会的研究水平。

所以，下面我们先来讲讲鲸类。

首先必须要澄清的是，鲸不是鱼，尽管它们常被叫作"鲸鱼"。鲸类是地地道道的哺乳动物，它们的祖先在陆地上生活，是后来才进入海洋的。早在2001年，就有分子生物学研究在对比了鲸、猪、牛、羊、骆驼、鹿、河马和长颈鹿的DNA后得出结论，认为鲸的亲缘关系与河马最近，这也表示鲸类与有蹄类可能具有共同的祖先。

关于鲸类起源的关键性证据被发现于巴基斯坦。1979年，在已有5 200万年历史的河流沉积物形成的岩石中，科考队发现了一块完整的动物头骨。它非常像鲸的头骨，尤其是耳骨很接近鲸，也就是说它们在水里的听力相当好。研究人员推断，这是一个鲸和其陆地祖先之间的过渡物种。1981年，它被定名为巴基鲸。但它身体是什么样子、有什么特征等就只能靠想象了。

之后，随着一系列化石的出土，巴基鲸的轮廓渐渐清晰起来。2001年，人们终于发现了保存较完整的巴基鲸化石。它们的骨骼具有有蹄类动物的特征，体形接近狼，主要生活在陆地上。至于巴基鲸为什么进入水中目前还不清楚，也许是为了捕食，也许是为了逃避敌害，不管怎么说，它们的这一行为确实开启了鲸类的演化之路。就在近期，2019年的上半年，在秘鲁的南部海岸出土了距今4 260万年的四足鲸类化石，暗示着一条从南亚到美洲的鲸类传播路线。

整个鲸的类群，大体可以分成齿鲸类和须鲸类。前者嘴巴里有钉状的牙齿，后者嘴巴则拥有成百上千条梳子般的鲸须，以过滤海水中的食物。而海豚属于齿鲸。

总体上来讲，鲸类的社会组织形式比较类似有蹄类动物。它们由于具有较大的脑容量和较高的智慧，行为可能和象最为接近。当然，不同的物种还是有各自的特点。宽吻海豚（ *Tursiops truncatus* ）也叫瓶鼻海豚，是最常见的海豚物种之一。

宽吻海豚的群体通常由2~15个成员组成。家群仍然是它们群体的基本单位，由成年的雌性和它们的后代组成。

雌性海豚在产下小海豚后，通常会带领小海豚返回母亲的群体

▶ ▶ 红海的宽吻海豚群体

中。那些大年龄的雌性海豚在群体中可能具有相当重要的作用，因为它们具有更丰富的经验。这一点和象群极为相似。

同样相似的是，雄性宽吻海豚也会在成年以后离开母亲所在的群体。它们外出游荡，会组成全是单身汉的全雄群。通常，这些雄性海豚游荡在族群家域的边缘区域，而雌性海豚和幼崽的群体通常处于家域更中心的区域。海豚一般都愿意和同性、同年龄的个体待在一起，但雄性海豚因为繁殖的需要，也会经常从一个雌性群体转移到另一个雌性群体。

海豚之间的信息交流极为丰富。宽吻海豚能够发出滴答声、哨

▶ ▶ 加勒比海域的宽吻海豚群体

音和吼声,其中滴答声用于回声定位,后两种声音则用于和其他海豚沟通。每只宽吻海豚都可以发出自己独特的哨音,这似乎是一种代表自己身份的声音,等同于我们的名字。听到哨音的同伴可以很快做出回应,同伴也可以模仿它的哨音,很可能就像我们呼唤同伴的名字一样。小海豚一出生,母亲就会开始给它们上发音课,经过反复训练,小海豚不仅能够记住自己特有的音调,并且掌握数十个音节。为了强化记忆,小海豚总是不停发音,就如同小孩子咿呀学语。

不过因为已知的海豚发音都是"叫音",海豚"语言"很可能无法表达出句子。著名海豚专家肯尼斯·康恩认为,它们离灵活地表达语言还差得远,"一只海豚永远不可能对另一只海豚明确地说:'走,我们一起去换气吧!'"。不过,虽然说不出复杂的句子,但海豚经过训练后确实能够理解人类的手势,甚至简单的句子,当然也包括了一些语法。因此,我们仍不能排除海豚以一种我们未知的方式进行复杂沟通的可能性。

除了声音，宽吻海豚还有大量的肢体动作，如拍打上下颌和用身体拍击水面等，这都意味着它们具有非常强的沟通能力。

可以确认，宽吻海豚会玩耍，并且有很多花样。毫无疑问，它们跃身击浪的行为或多或少地带有玩耍的意思。当然，也并非全然如此，这一行为也具有一定的功能。如获得更广阔的视野，毕竟跳得高看得远，这样更能对猎物或同伴的位置有一个全面的掌控。此外，海豚出水和落水会制造巨大的水花，惊扰鱼群，改变鱼群的前进方向。四面八方的海豚可以通过这样的跳跃，逐渐压缩捕猎圈，把鱼群驱赶到一个拥挤的空间，然后就可以饱餐一顿了。此外，这些跳跃可能有助于甩出吸附在它们身上的一些海洋生物，比如甩掉身上吸附的鲫鱼等。

▶ ▶　加勒比海域宽吻海豚跃身击浪

说到玩乐，大概就得说说虎鲸（*Orcinus orca*）了。虎鲸是分布于全球海域的物种，它们的体重有好几吨，最大的家伙接近10吨，是海豚科里最大的物种。虎鲸的玩法和花样很多，有些简直就是恶作剧。

▶ ▶ 虎鲸的跃身击浪

2016年，曾经记录到一头加拿大海域的虎鲸用尾巴将一只斑海豹抽上了24.5米高的空中，就像丢沙袋一样。斑海豹好歹也是100多千克的大型动物，就这样轻飘飘地被甩飞了。一些虎鲸经常会用尾巴去击昏猎物，一记强力的尾抽不仅可以把海豚或者海豹干掉，甚至连内脏都能打飞出来。这是它们的一种"洗洗吃肉"的料理方法：没了内脏，它们就可以吃到纯粹的肉棒刺身了。这种加工食物的方法听起来当然是有点儿恐怖，但虎鲸可未必这样想。在它们看来，这是再平常不过的事了。不过，一下抽这么高还是很少见的，想必虎鲸是抱着一点儿玩闹的心态来做这件事的。

我们有足够多的证据证明虎鲸经常抱有玩闹的心态，除了因为它们有足够聪明的大脑，还因为我们已有了充足的行为观察记录。它们可以把任何觉得有趣的小动物当成玩具，比如玩玩鸟但并不吃掉。它们可比街上的老爷子们"玩鸟"暴力多了。比较经典的做法是从后面游过去，叼住水鸟，带着鸟下潜，让鸟溺水挣扎，随后松嘴，然后死鸟或者半死的鸟就会漂在水面上。据统计，这些鸟确实是被虐死的，尸骨完整，只有少数情况下，可能没控制好力度，脖子先被弄断了。

威廉姆斯（Williams）等还曾记录到一头虎鲸这样玩弄鸬鹚：这家伙就像诸葛亮对付孟获一样，把鸬鹚抓了放，放了再抓，反复至少6次。最后，它甚至叼着这只鸬鹚送给另一头虎鲸玩，而后者欣然接受。虽然这充分体现了虎鲸之间的亲密友谊，但想必鸬鹚的内心一定不能只用崩溃来形容了。这两头虎鲸在淹死另一只年轻的鸬鹚之前，先玩了10分钟的猫鼠游戏，它们在鸬鹚周围快速游过，让它被水流卷

▶ ▶ 冰岛北部海域出现的两头虎鲸，它们身上的白斑是非常重要的识别特征

得晕头转向，然后把鸬鹚像球一样抛出水面1~3米高至少三次，接下来它们又继续用水流来玩弄它，简直要把鸬鹚"虐到哭"。

这样的玩耍行为甚至可以称得上动物世界的霸凌行为了。所以，很多被虎鲸玩过的动物，特别是那些海豚和海狮等比较聪明的动物，如果大难不死，没有接下来变成食物，也多半生不如死，终生都会留下强烈的心理阴影。

但是，"出来混，终究是要还的"。2009年，在南极的海面上记录到了这样一件事。一头威氏海豹被困在一块孤立的浮冰上，它的周围游弋着一群虎鲸，这些出色的猎手已经封住了海豹所有的去路，浮冰被掀翻也只是时间问题。海豹的命运似乎已经注定。但突然间，水花四溅，一头巨大的座头鲸（大翅鲸，*Megaptera novaeangliae*）冲出水面，它驮起海豹，绝尘而去……

座头鲸确实够虎鲸受的，哪怕前者只有一头，而后者有一小群。座头鲸背部略微隆起，因此也叫驼背鲸，是鲸类中的大个头。它们的体长一般超过12米，体重超过20吨，座头鲸与虎鲸就好比成年人与小孩，存在力量上的悬殊差距。

尽管虎鲸有钉子一样锋利的牙齿，但座头鲸的武器也不差多少。它们的胸鳍非常宽大，可长达5米，重达一吨，一对胸鳍如同两把重刀，是它们战斗的武器。一旦虎鲸挨上座头鲸一下，会相当不好受。而且座头鲸的鳍上还吸附着大而尖锐的藤壶，这些甲壳动物可以充当座头鲸的鳞甲，将虎鲸划得头破血流。何况，座头鲸还有更强力的尾巴，甚至能帮助这个大家伙跃出水面，完成号称地球上最强有力的动作。

▶ ▶ 雌性座头鲸的跃身击浪，被称为地球上最强有力的动作

为了研究这一行为，罗伯特·皮特曼（Robert L. Pitman）和他的研究团队对全球座头鲸进行了分析，他们发现这并非偶然现象——座头鲸经常会去破坏虎鲸的捕猎活动。它们捕捉海洋中传来的虎鲸捕猎的哨声，然后专门去捣乱。为了到达现场，甚至会游上几千米，必要的时候还会发出哨音，呼朋唤友，召唤座头鲸群来闹事。它们解救过诸如海豹、海狮、翻车鲀和灰鲸幼崽等诸多海洋动物。

很难想象，像座头鲸这种只吃小鱼虾的滤食性温和鲸类，会专门去找虎鲸的茬儿。难道这些家伙真的是宅心仁厚以至于博爱吗？

这应该另有玄机。其中一个重要的线索可能就是虎鲸会捕杀座头鲸的幼崽。虎鲸虽然不能杀死成年座头鲸，但是可以向小座头鲸下手。这可能是双方结下梁子的根源——座头鲸非常聪明，它们应该会记仇，不管是成年鲸还是幼年鲸。由于座头鲸对自己生活的海域非常依赖，它们可能会对在自家门口闹事的虎鲸非常不爽，也愿意清除掉这些威胁。反正，虎鲸对体形巨大的成年座头鲸威胁不大，多数情况

▶ ▶ 座头鲸妈妈和宝宝。它们正在前往海面换气

下座头鲸也不会因此受伤，它们可以通过这种行为增加虎鲸生存的难度。很可能是基于同样的原因，捕食其他鲸类幼崽的拟虎鲸和领航鲸也曾被座头鲸教训过。至于顺便救下的动物，多半只是座头鲸这种行为的副产品罢了。毕竟，敌人不舒坦，我就舒坦了。

正是因为这些丰富的行为，我们必须承认，至少有一部分动物是相当聪明的，它们的行为是本能无法解释的。但是，我们也必须意识到，完全将人类的情感和理念带入对动物行为的理解中也是极度危险的，那会干扰我们的认知。为了避免落入这样的思维陷阱，我们在理解动物行为的时候，必须不断提醒自己：动物有智慧，但不是人的智慧；动物有情感，但不是人的情感；动物有想法，但不是人的想法。甚至，我们还要说，动物也许有文化，但不是人的文化。

动物行为学中确实有文化传承（culture transmission）的提法，但这与我们人类的文明中说的文化传承并不相同，而是指的动物获得和传播新行为的现象。如1921年，在英国有个别大山雀（*Parus major*）学会了用喙撕开瓶盖偷吃放在门外预订的牛奶，这门技巧后来很快风靡欧洲大陆。毫无疑问，这样的行为传播增加了动物生存的适应性。

我们可以将文化传承大致分为亲子之间的纵向传承和同辈之间的横向传承。宽吻海豚就是一个突出的例子。它们具有复杂的觅食技巧，甚至在一些族群中发展出了一种危险的捕食技巧：为了追捕一条鱼，它们能够跃出水面，蹿上海滩，然后很快将捕到的鱼带回水中。这种上岸捕鱼的行为是非常罕见的，如果技术不当，极有可能造成海豚自己搁浅。科学家通过对澳大利亚鲨鱼湾的宽吻海豚研究发现，有4只成年雌海豚及其幼崽表现出了这种捕猎行为。在美国的另一种海豚中有一群也表现出了类似的行为，它们通过合作把鱼群逼向海滩，然后再蹿出来捕食搁浅的鱼。研究发现，只有采取这一觅食策略的雌性的幼崽才能表现出这一觅食技巧，也就是说，它们的技艺来自母亲的传承。

横向的传承也曾被人详尽研究过。拉兰德（Laland）和威廉姆斯（Williams）曾经对虹鳉（*Poecilia rticulatus*）做过这样的实验，他们将相同年龄的虹鳉组成一群，训练这些鱼群分别沿着不同的路线到达目的地，一条是短路径，一条是长路径。一旦训练成功，研究人员就逐渐用未训练过的鱼替换掉完成了训练的鱼，直到所有训练过的鱼都被替换。但是，鱼群仍然按照原有的路径行进，或者说，一种新的生活习性在种群中被塑造了出来，甚至训练它们改变路线都会变得很困难。这便是传承的力量。

自然选择、个体学习和文化传承是动物行为的三大基石，文化传承是在模仿的基础上发展起来的。模仿学习的进化意义是很容易理解的——模仿不需要探索和试错，是一种节约时间和能量的快速学习方式。

动物常常靠观察其他动物怎么做来学会做一件事情，如猕猴（*Macaca mulatta*）通过观察其他猴对蛇所表现出的畏惧而学会害怕和躲避蛇，通过观察其他猴学会吃什么和去哪里觅食等。猫和狗从小混养在一起，狗不仅能学会猫的捕鼠技能，甚至连用爪子洗脸都能学会。小鸡啄米也被证明是一种模仿行为，当用机器母鸡取代真正的母鸡后，小鸡不仅啄食的频率会增加，连啄食米粒的颜色也与机器母鸡的一致。作为一种更加有效和风险较小的学习方式，模仿在动物中真的非常常见。但是，毋庸置疑，模仿行为的出现需要较发达的大脑。一般来说，脑结构越复杂，所能模仿的行为也越复杂，而且，在社会性的动物中出现的频率要比独居的动物多得多，也叫作社会性学习（social learning）。

黑猩猩作为最接近人的动物，再加上其具有社会性特征，常常学会一些让我们瞠目结舌的本领。在美国类人猿信托研究机构里生活着一只叫莰兹（Kanzi）的倭黑猩猩，这家伙能够生火烧烤食物，而且已经相当熟练！据说，它从小就爱看一部叫《火种》的关于早期人类控制火的纪录片，看了不下数百遍。它从模仿开始，最后在研究人员的帮助下，很快就掌握了这一技能。现在，莰兹的儿子经常观摩它展示厨艺，说不定哪一天儿子也会把老爸的手艺学到手。有人担心，倭黑猩猩莰兹这样从人类手中学到了技艺的家伙如果进入到自然环境中，是不是会带出一帮会用火的黑猩猩来？那可真有点儿《人猿星球》的味道了。还好，目前这个家伙还在研究人员的严密监控之下。

当然，除了横向和纵向传承外，个体之间还存在着更复杂的相互模仿、相互传承的情况，而且可能比预想的还要更复杂。

加勒夫（Jr. B. G. Galef）等人的研究阐释了动物文化传承的重要性，他们的研究对象——挪威鼠是腐食性的啮齿动物。在当代，它们生活在人类社会之中，不断接触到各种闻所未闻的食物。在这种情况下，挪威鼠经常在食物的取舍问题上面临艰难的选择：一方面是有可能发现新的食物资源，而另一方面，这种新的尝试可能带来诸如毒害等风险。

这种情况下，基本的嗅觉判断已经不能作为判别食物的选择，唯一可能的解决方案就是由少数个体进行尝试，然后将其传承给其他同类。加勒夫的具体实验是，先将一些观察鼠和示范鼠放在一起，共同生活几天。然后把8只示范鼠隔离，喂养两种食物中的一种，这两种食物中一种加了肉类，一种加了可可粉。此后再将示范鼠与观察鼠放在一起16分钟，随后移走示范鼠。

在这个实验中，观察鼠从未接触过那些食物，也没有看到示范鼠进食。接下来，两种食物被呈现给了观察鼠。值得注意的是，在接下来的两天中，这些观察鼠通常选择的就是示范鼠吃的那些食物。那么，观察鼠选择食物的唯一依据就是示范鼠进食以后所带有的气味。这表明这种模仿和传承并非局限于视觉范畴，其范围可能比我们先前认为的更加广泛和普遍。

目前看来，鲸类是研究动物文化（non-human culture）的最具代表性的类群之一，至少一部分学者抱有这样的观点。当然，这也引起了相当大的争论。争论的核心正是"文化"这个词该不该出现在动物行为学研究中。

单单虎鲸这个物种，就足以引爆争论。因为在这个星球广阔的海域中，存在若干个虎鲸圈子，每个圈子都有自己的行为模式和生活方式。在北半球较高纬度的海域，目前至少已经确认了5型虎鲸，它们分别是太平洋东部的居留鲸（Resident）、远洋鲸（离岸型，Offshore）、过客鲸（Transient），以及大西洋东部靠近英格兰海域的北大西洋1型（Type 1）和2型（Type 2）虎鲸。在南半球环南极洲的较高纬度海域，同样至少确认了5型虎鲸，它们分别是南极A型（Type A）、B型浮冰型（Type B Pack ice）、B型哲拉什型（Type B

Gerlache）、C 型（Type C）和 D 型（Type D）。

居留鲸的活动范围比较固定，它们主要捕食鱼类，特别喜爱鲑鱼。而过客鲸就不一样了，它们是游荡的杀手，曝光度很高，主要捕食海兽，特别是鳍脚类和港湾鼠海豚。它们同样因为捕食灰鲸和座头鲸的幼崽而臭名昭著，前面提到的那些糟糕的故事，多数也来自过客鲸。远洋鲸的活动范围较远，体形也较另外两型的虎鲸小，它们以虹鳟、杜父鱼等硬骨鱼和鲨鱼为食。名声和脾气都不错，经常被目击到会和灰鲸、长须鲸、加州海狮和长吻真海豚等混群，它们还会与其他海豚合作捕猎鱼类。

南极 A 型虎鲸体形较大，主要捕食海兽，特别喜欢小须鲸。B 型浮冰型也捕猎海兽，主要是以海豹为食；B 型哲拉什型则主要捕猎企鹅。C 型虎鲸体形最小，它们捕食鱼类，主食是莫氏犬牙南极鱼（*Dissostichus mawsoni*）。有人认为 A 型虎鲸会捕食 C 型虎鲸，但目前还缺乏证据。D 型虎鲸同样捕食鱼类，它们眼旁那标志性的白斑变得很小，主要食物是小鳞犬牙南极鱼（*Dissostichus eleginoides*）。

在所有这些虎鲸中，对太平洋东部，也就是加拿大和美国西海岸的种群研究得最深入，其中以南部居留鲸最为透彻。下面我们就以南部居留鲸为例来介绍一下虎鲸复杂的社会组织，这些组织形式并不保证在其他类型的虎鲸中同样适用。

南部居留鲸的社会组织实际上是一个多层社会，它可分成 4 个层次。

最小的层级是母系家族（matriline）。虎鲸维持着一种母系或者叫母权的社会，雄性长大以后，也会一直跟随自己的母亲。一头雌性和它的后代组成了一个母系家族，这个家族通常包括三到四代虎鲸，数量从几头到十几头不等。

几个亲缘关系较近的母系家族会组成小社群。小社群的组织不如母系家族那样紧密，但仍然是比较紧密的关系，它们可能会分开一小段时间，然后再相聚。当一个大的母系家族的首领去世以后，它就可能会分裂成几个母系家族，从而形成新的小社群。

具有共同祖先的小社群会构成氏族（clans）。它们的"语言"也比较接近，通常方言（dialects）和口音越近的小社群，它们的亲缘关系就越近。

社会则是由若干氏族构成的。它是一种纯粹的社会组织形式，与亲缘关系无关。居留鲸共有5个社会[①]，南部居留鲸正是其中之一。

在虎鲸家庭内部，关系是比较和谐的。尽管雄性的体形要大于雌性，但是家族的领导者是年长的雌性，它的经验至关重要。阿尔法雌性领导鲸群活动，指导鲸群捕猎，甚至要为年轻的雌鲸接生，指导鲸群将新生儿抬出水面。年长的雌鲸会教导年轻的雌鲸如何给幼崽喂奶，整个鲸群都会帮助照看幼崽——曾经观察到南部居留鲸的J社群诞生一头幼鲸J55，整个家庭的雌鲸都紧紧围绕并保护着它，一度使研究人员无法确认其母亲。

与宽吻海豚的雄性会结成联盟绑架雌性强制交配不同，居留鲸要规矩得多，它们通常不会出现这种暴行。相反，雄性会服从阿尔法雌性的安排，与其他家庭联姻。居留鲸不会近亲交配，也不会和社会外

[①] 这5个社会包括北部居留鲸、南部居留鲸、南阿拉斯加居留鲸、西阿拉斯加居留鲸和西北太平洋居留鲸。

的虎鲸交配，它们通常只会在同一社会的小社群之间婚配。交配完成后，雄性会返回母亲的家庭，幼鲸则留给雌性的家庭。所以，幼崽是跟随母亲和母亲的家族一起长大的。

如果以上这些仍然不足以说明虎鲸族群中存在某种文化，并且可以用其他原因来解释的话，还有一个关键性的证据来自它们用以沟通的声音。不列颠哥伦比亚大学的迪克（Deecke）等人分析了北部居留鲸两个母系家族A12和A30在12~13年内的音频记录。他们发现这些家族中的方言随着时间在发生变化，一些声音元素有了改变。这像极了人类的语言随着时间发生改变的过程，这一过程通常被称为文化漂变（cultural drift）。

另一个支持证据来自座头鲸。雄性座头鲸以它们的歌声闻名于世，这些变化丰富和高度结构化的声音可以持续20分钟或者更长的时间。座头鲸的文化不只体现在小团体关系和方言上，它们在全民范围内不断地变化着音乐时尚。歌曲被整个繁殖种群中的雄性忠实地复制，甚至有可能传播至整片海域。举个例子，尽管相隔4 500千米，但在夏威夷和墨西哥海域的座头鲸总是会传唱相同的曲子。不过，随着时间的流逝，任何座头鲸种群的曲子都会通过修改一个个元素，逐渐发生变化。显然，这也是一种文化漂变。

如何能在数以千计的、距离很远的座头鲸中保持曲子的同步性，一直是一个谜。现在，它们又带来了新的谜题。2000年，著名的《自然》杂志报道了一起座头鲸的文化变革（cultural revolution）事件。它是1996年在澳大利亚东岸的太平洋海域被记录到的。在那里，发现了两头哼着完全不同曲子的座头鲸。两年之后，这个区域的座头鲸种群都哼起了它俩的曲子，而之前这个种群的那个被不断传承的曲子则完全被抛弃了。根据追查得知，这是一个来自印度洋海域的曲子。它可能是被少数座头鲸从印度洋带到太平洋的。这是一个并不常见的现象。但是，为什么这些座头鲸会放弃原来的曲子，转而传唱新的曲调呢？

2018年11月，艾伦（Jenny A. Allen）等人的研究带来了一些解释，他的研究基础来自之前进行的研究。经过这些年的记录，他们发现澳大利亚东岸的这个座头鲸种群应该不是第一次做这种事情，它们每隔一些年就会发起这样一次文化变革，完全抛弃过去的曲调，换上一个新的曲调。在认真比较了新旧曲调后，他们发现，每次换上的新曲调都会比原来的曲调稍微简单一点儿。而一个新曲子会随着时间的变化被加入各种元素，变得复杂起来。所以，艾伦等人的研究指向了一个可能的解释，那就是随着旧曲调变得越来越复杂，越来越不好唱，座头鲸或许会厌倦。所以，它们决定不如换个新调调试试？

关于座头鲸以及前面提到的诸多动物的这些现象，有人倾向于只用前面提到的社会性学习的概念来进行探讨，而不使用文化的提法。这是可以理解的。长期以来，文化被认为是动物与人类的一道分水岭。如果在动物行为中引入文化，势必要对这一概念进行重新定义，并且肯定会引起很多激烈的争议和辩论。因此，持这一观点的人认为没有必要自找麻烦。

但是，持有相反观点的人也提出了他们的想法。他们认为，从演化的角度上来看，引入并重新定义文化的概念是有必要的。鲸类以及灵长类动物的行为已经使文化这一概念的边界变得模糊，并且在自然选择层面存在基因－文化的协同演化（gene-culture coevolution）。也就是，动物的文化行为会改变它们的适应性状态，并通过自然选择作用在它们的基因上。关于虎鲸的研究已经表明，持有不同文化的虎鲸社会，在基因组成上也已经出现了一些细微的差别。而把文化这一概念引入到动物界中，消除了人与动物的另一道观念壁垒，有助于我们在更宏观的尺度上思考，我们自己的文化是如何在演化的过程中出现的，又是如何发展变化的。

双方的观点都已呈现。关于文化这一概念是否需要引入动物学中，您是怎么看的呢？

▶ ▶ 婆罗洲的猩猩母子

人猿星球：在驯化和自我驯化中前进

所谓的"灵长"，即"万灵之长"，是一个稍微有点儿自负的称谓，可被用以指代包括猴类和猿类，以及我们人类自己的这一组哺乳动物。我们这一组动物已经有至少6 400万年的历史。我们在外观上具有非常明确的特征，有位置朝前并且视力不错的双眼、相对较短的嘴巴、修长的四肢以及灵活的手指和脚趾，还有一个比较发达的脑子。

灵长类动物的种类很多，而且社会组织形式相当多元化。整个灵长动物的类群大致可以分成猴和猿两大类，你可以大致从有没有尾巴这一特点上对两者进行区分。不管多短，猴子总是有尾巴的，而猿则没有。当然，这只是一种取巧的手段。事实上，它们还有更多区别，如猿类的上肢通常更加发达，总体形态更接近人类等。

在猴类中，大致还可以分成原猴、旧域猴和新域猴三个大类。原猴是灵长动物中比较接近祖先的状态，主要包括狐猴和懒猴两个类

▶ ▶ 环尾狐猴，原猴类
图片来源：冉浩摄

▶ ▶ 黄狒狒，旧域猴
图片来源：冉浩摄

▶ ▶ 棕头蜘蛛猴，新域猴。
它和黄狒狒的鼻孔有
明显不同
图片来源：冉浩摄

别。旧域猴是指生活在欧亚非"旧大陆"的较进化的猴类，包括我们经常提起的猕猴和金丝猴，还包括狒狒和叶猴等。新域猴是指美洲"新大陆"的猴类，主要包括卷尾猴、青猴、僧面猴和蜘蛛猴等。新域猴和旧域猴在鼻孔的分布上有着明显且易于识别的特征，旧域猴的两个鼻孔靠得比较近，因此也被叫作狭鼻猴；新域猴的两个鼻孔则分开得较远，因此也被称为阔鼻猴。

猿类的种类较少，我们可以稍做展开。在猿类中比较原始的是长臂猿（Hylobatidae），它们的体形较小，属于小猿类，其体重一般不超过10千克。长臂猿身高不足一米，但是其两臂展开却有1.5米，主要在林间的树冠层活动，一跃可以跨越3米的距离，是林间活动的好手。但在地上就笨拙了，因此它们轻易不会下地。长臂猿只分布在亚洲地区，在我国也有分布，李白有诗"两岸猿声啼不住，轻舟已过万重山"，里面的"猿"就是说的长臂猿。

猩猩（orangutans）也被称为棕猿或红猩猩，被当地人称为"丛林之人"，主要分布在印度尼西亚和马来西亚，以一身红毛作为显著的识别标志，是亚洲独有的类人猿。

猩猩在分类上属于人科（Hominidae）猩猩属（*Pongo*），它们的DNA和我们人类有97%的相同度。

长期以来，人们将所有猩猩看成同一个物种，但由于栖息地的收缩，猩猩的分布已经被局限在了两个主要的地区。自1996年起，分子生物学的研究主张将其在婆罗洲的种群命名为倭猩猩（*Pongo pygmaeus*），而把分布在苏门答腊的种群称为苏门答腊猩猩（*Pongo abelii*）。据说它们是在40万年前彼此分开，开始独立演化的。到了2017年，原本认为是苏门答腊猩猩的一个族群，又被分子生物学研究确认为一个新的物种——打巴奴里猩猩（*Pongo tapanuliensis*）。

猩猩是典型的雌雄二态的动物。雄性的体形更大，平均体重约75千克，大的能达到1.7米长，体重超过100千克；雌性的体重平均只有雄性的一半，体长不超过1.4米，往往在1.2米上下。尽管猩猩脸上毛很少，但是雄性嘴巴下面仍然常常会有长毛，看起来像长了胡子的样子。不过，雄猩猩最突出的地方是它们像饼

▶ ▶ 婆罗洲的雄性猩猩

一样的平脸——它们长有肥大的颊瓣（cheek flap），里面充满了脂肪组织。据说这很性感，能够吸引雌性的青睐，而且，雄猩猩的吼声也很大。

猩猩是树栖程度最高的大型猿类，几乎把所有的时间都花在了树上。每天的事情大概就是上午吃饭、中午休息和下午迁移，到了晚上就在树上搭个窝过夜。水果是它们的主要食物，叶子、昆虫、蜂蜜和鸟蛋等也是偶尔的选择。猩猩的主要天敌是虎，在老虎少的地方它们

也会到地面上来溜达，有时候它们会蹚水，但不会游泳。

　　大猩猩（gorillas）经常在各类电视和电影中扮演暴力灵长动物的角色，《金刚》里的巨猿也是放大版的大猩猩。雄性大猩猩确实强壮，四足状态肩高0.8米以上，站立则可达1.6米，体形硕大的可以达到2米高，体重接近或超过200千克。特别是它们两臂平伸可超过2米，而且肌肉发达，足以直接将猛兽撕裂。雄性大猩猩的另一个招牌动作就是捶胸，这是一种威胁和警告。但事实上，食草的大猩猩性情相对温和，并没有人们想象中的那么暴力。雌性大猩猩则小了不少，体重大约也只有雄性的一半。

▶ ▶　雄性西部低地大猩猩

　　大猩猩也属于人科，但和我们的亲缘关系较远，被划入大猩猩属（*Gorilla*）。根据不同的研究成果，它们与人类在基因上的相似度为95%~99%。关于大猩猩的物种划分也在不断的争论中，现在倾向于将其分成西部大猩猩（*Gorilla gorilla*）和东部大猩猩（*Gorilla beringei*）两种。前者分布于非洲靠近西海岸的赤道地区的森林中，主要是生活在低地的大猩猩，在动物园里见到的大猩猩大多都是西部大猩猩。东部大猩猩体形略大，数量更少，主要分布在刚果、乌干达和卢旺达等地，以生活在山地的大猩猩居多。西部大猩猩和东部大猩猩之间已经因为地理上的隔离，各自独立生存，老死不相往来。

　　黑猩猩（chimpanzees）主要分布在非洲赤道附近的雨林中，其分布区域从非洲西海岸向东一直延伸到了非洲内陆，但未达到东海岸。成年雄性黑猩猩站立的身高可以达到1.7米，体重70千克，雌性的体形略小。目前黑猩猩可以分成两个种，即普通黑猩猩（*Pan troglodytes*）和倭黑猩猩（*Pan paniscus*），两者在形态上没有太大区别，但是后者的体形更小一些，体态更苗条。倭黑猩猩数量较少，仅分布在中非的刚果盆地的部分地区，已处于濒危状态。我们在动物园看到的通常是数量更多的普通黑猩猩，本书后面所说的黑猩猩也主要是指普通黑猩猩。黑猩猩在体态与生理构造上和人都极度相似，是最接近人的灵长类动物。

多数灵长类动物都或多或少生活在群体中，社会性是这个动物类群的特质。但是，还是有一些物种的社会性比较差，更倾向于独居生活，如一些夜间活动的小型原猴，还有猩猩。在大猿中，猩猩确实比较特别，它们不太合群。它们的活动范围很大，并倾向于单独活动。亚成年个体有时候会结成小群，但是这种小群的生活到成年以后即停止。成年的雄性单独生活，雌性则和它们的幼崽生活在一起。每只成年雌性都有它的活动范围，它的家域和周围的雌性有一定的重合，这些雌性之间可能会有一点儿血缘关系。居留雄性的家域会和若干雌性的家域重叠，是这些雌性的主要交配对象，而居留雄性要随时面对流

▶ ▶　刚果民主共和国境内自然栖息地的倭黑猩猩，它们的性情要比普通黑猩猩更平和

浪雄性的挑战，后者致力于取代前者并获取领地。

除此以外，灵长类动物最简单的社会组织形式是单配家群（monogamous family group），也就是由一雌一雄以及它们未成年的后代组成的家群。这种家群的组织形式不接受外来的个体，后代成年后也必须离开父母，然后与其他异性结成新的家群。这种模式在人类中是很常见的，我们自己的家庭差不多就是这样的家群模式。但是，这种模式在整个灵长类动物类群中并不算多见。在旧大陆，这种组织形式多出现在一些原猴类物种中，也包括新域猴中的少量物种中。不过，长臂猿也是单配家群。

在长臂猿的家群里，配偶关系可以维持终生。成年雌性主内，负责育儿；成年雄性主外，主要任务是保护领地，确保家群的生活资源，并且驱赶外来的雄性。粗看起来，长臂猿的社会组织形态有一点儿像我们人类的家庭组织形态。然而这完全是两码事，因为人类社会像前文虎鲸中的南部居留鲸一样，实际上是重层社会，在家庭之上还有复杂的组织和关系。但是，长臂猿只有家群。它们的父母与子女间也没有领地的继承性。相反，如果子女拥有了领地，与父母反而形成了对立关系，也就不可能在家群的基础上发展出家族。事实上，采取单配家群的灵长类动物多数都是这样的状态，彼此之间的联系并不紧密，也没有形成更复杂的社会形式。

在灵长类动物中，还存在第二种家群形式——多雄家群（polyandrous family group）。这种形式并不多见，通常是从一个繁殖对开始，然后有第二个雄性加入，协助照看后代。一旦这种情况发生，两只雄性就都有和雌性交配的潜在机会了。这一情况之所以出现，是因为某些灵长类比较容易生双胞胎，并且还需要雄性一直把幼崽背在背上。这样，一个亲爸就不够用了。多雄家群在灵长类动物中非常罕见，目前只在少数小型新域猴中存在。在人类少数文化中，倒是同样存在一妻多夫的家庭。

灵长类的另一种社会组织形态是一雄多雌群（one-male-several-female group）。这种组织形式在哺乳动物中相当常见，比如狮子就是这样的组织形式。很多灵长类也是如此，比如大猩猩、赤猴、金丝猴、叶猴、鼬狐猴、部分狒狒以及一些吼猴等。在人类中也存在类似的组织形式，称为一夫多妻婚姻。

以川金丝猴（*Rhinopithecus roxellana*）为例，它们也是一个多层社会。社会的第一层是一雄多雌群和全雄群。在一雄多雌群里，有多只成年雌性（平均数为7）以及一定数量的幼崽。它们通常居于家域的核心位置，外围就是虎视眈眈、随时准备上位的光棍帮——全雄群。几个一雄多雌群和一个全雄群会构成一个分队（band），这是川金丝猴的中层组织。第三层则是由分队聚集而成的社群（social group），是全体成员的共同体。通常在进行大规模迁徙的时候，它们会聚成社群行动。不同的社群之间通常会保持距离，但是也有相互接触、短暂融合的记录。

而大猩猩则可能会出现父系一雄多雌群的情况。这样的群体被称为小队（troop），一般

▶ ▶ 分布于我国西南的川金丝猴

由一只成年的雄性带领，它们通常可以叫作银背（silverback），因为随着年龄的增大，其黑色的背毛会逐渐变白。这个群体的雌性来自不同的血缘支脉，同样，雌性个体成年以后要脱离原有的群体，加入新的群体中。雄性个体成年以后也倾向于外出建立自己的群体，但也有记录显示东部山地大猩猩（*Gorilla beringei beringei*）会留在父亲的群体里，成为低序位雄性。在这种情况下，如果银背大猩猩死亡，它们就可以继承父亲的配偶和领地。当然，如果不止一个儿子，遗产纠纷问题肯定是有的。如果群体中只有一只雄性，其死亡以后，群体就可能会解散。群体中的雌性会加入其他群体，但也有可能群体并不解散，并迎来一只新的雄性个体。

　　一雄多雌制群体中比较容易激化雄性之间的矛盾，而且当群体中的雄性被替代以后，新的雄性很容易出现杀婴行为，也就是清除掉上一个雄性遗留的未成年后代。相比而言，多雄多雌群（multimale-

▶　▶　卢旺达，东部山地大猩猩，右边为雄性

multifemale group）就要温和一些，这样的形式也称为群婚。在人类社会中同样存在这样的情况，但是随着社会的发展，这种形式已经在逐渐走向衰亡，目前这种婚配制度主要存在于一些边远落后的部落社会。

最常见的是母系多雄多雌群，也就是有血缘关系的雌性组成群体的核心，然后雄性加入进来或者离开。在这样的群体中，存在阿尔法雄性。我们最熟悉的猴类——猕猴（*Macaca mulatta*）就是这样的组织形式，其阿尔法雄性名曰"猴王"。

事实上，它们真的有王室的感觉。在猕猴群体中，不论是雌性还是雄性，都是有等级的。在大的猕猴群体中，有时会有好几个母系小单元。雌性在群体中的等级取决于其母亲的等级，它们的等级高于任何比母亲低级的、无血缘关系的雌性。这种在人类社会中被称为世袭的等级观念从小就渗透进了猕猴的生活中，比如当幼崽之间出现争斗时，高序位的雌性一般会袒护自己的幼崽，低序位的母亲则会主动抱

▶ ▶　张家界的野生猕猴
　　图片来源：葛军摄

走自己的幼崽，以避免冲突。幼崽会观察到群体中低序位的个体对高序位个体的尊敬与服从，从而认识到自己的位置，并谨慎处理这些关系。至于雄性幼崽，当它们成年以后，会被群体里的雄性驱逐出去，只能加入其他群体。

在猕猴群体中，存在一个由几个最优势雄性和高位雌性组成的小圈子，可以称为亚群（subgroup）。它们位于群体活动范围的中央区域，决定这个群体的移动、觅食以及其他活动。这个圈子大概可以称为王室，而在这个圈子里的雌性后代，就算不能称为公主或王子，至少应该算个"嫡出"。

黑猩猩则是父系多雄多雌群，也就是父亲和儿子会形成雄性联盟，雌性成年以后离开群体。在黑猩猩的群体里，雄性也会形成等级关系。但是阿尔法雄性未必是最强壮的个体，而可能是那些比较强壮、经验丰富并且善于和其他个体组成联盟的家伙。黑猩猩的社会远比猕猴更复杂，它们玩弄权术和政治，并且更加冷酷。关于黑猩猩争权夺利的故事，我想哪怕是用整本书，也很难细致讲完。你可以找一找珍·古道尔（Jane Goodall）或者弗朗斯·德瓦尔（Frans de Waal）的书，里面记述了非常精彩的故事。

我们在黑猩猩的身上再次找到了文化的感觉。它们可以使用60种以上的工具，例如用湿润的枝条拨弄白蚁，制作杠杆和石锤，甚至能够制作铺在湿地上的垫子。

它们在行为上也表现出了极高的智慧性，比如捕食。事实上，它们并不是纯粹的"素食者"。相反，它们的食谱中有一定比重是肉类，它们也很喜欢捕猎。

黑猩猩捕食多种脊椎动物，尤其偏爱红疣猴类。这是一些生活在40~50米高的树上、成年体重为8~13千克的猎物。一般来说，雄性黑猩猩较雌性更喜爱合作捕猎。这一方面是因为，猎物的肉和骨髓是富含能量、蛋白质和其他营养的食物；另一方面是因为，肉食的获取和分享有助于加强雄性个体之间的友谊，也可以用来取悦雌性，这些社会关系上的重要意义甚至比单纯获得食物更重要。可能是智商比较高的原因，不同的黑猩猩团体对猎物的选择、捕猎的频率、成功率和捕食策略都有明显的区别，甚至会随着时间有所变化。

根据戴维·瓦特（David P. Watts）等在乌干达基巴莱国家公园努迦地区（Ngogo）的研究，在捕猎疣猴的时候，通常是两只或者更多的黑猩猩共同完成。它们会在疣猴藏身的地方周围的树上选好位置，将猎物困起来，它们也能够在疣猴逃走时从容应对。但策略并不像栗翅鹰那样鲁莽。比如当疣猴沿着一根粗大的树枝逃走，然后跳到一根细树枝时，一只黑猩猩会从正面去吸引疣猴的注意力，而另一只黑猩猩则会从粗大的那根树枝过去，从背后偷袭疣猴。当疣猴在树上奔逃时，地上的黑猩猩也会跟着跑动，甚至判断疣猴的前进路线，然后先爬上树抢占有利的位置。它们有时候会通过击打、抓尾巴和晃动树枝等方法使疣猴从树上掉落，使疣猴摔伤或者摔死，一些雄性甚至偏爱寻找可以制造这些机会的合适位置。而基巴莱的黑猩猩还算是不太喜爱捕猎的，贡贝的黑猩猩才是更加出色的猎手，它们单独捕猎红疣猴的效率是某些黑猩猩族群的5倍。更有甚者，它们还会谋杀同类。

非常著名的"贡贝战争"是由珍·古道尔记录的。在1970年之前，贡贝的卡萨克拉黑猩猩族群是相当团结的，但随着一只年长的黑

▶ ▶ 随手折取的睡垫。坦桑尼亚贡贝的黑猩猩

猩猩死亡，族群分裂成了两个。1974年，较大的那个分支伏击并且谋杀了较小分支的一只雄性黑猩猩，结果两个族群彻底撕破了脸皮，爆发了长达4年的战争，也就是群殴。到1978年，较弱的那个分支的雄性黑猩猩全部被杀死，整个族群被消灭。这多么像一个王国的国王死去后，族群的争权夺势啊！在聪明的大脑下，黑猩猩的社会关系已经变得非常复杂。

正是因为黑猩猩等类人猿在行为上的复杂性，以及在生理结构上与人的相似性，一些人认为人类就是由黑猩猩演化过来的。这是相当错误的说法。正确的说法是人和黑猩猩拥有共同的祖先，但黑猩猩不是人的祖先，两者在数百万年前已经分道扬镳。

人类与类人猿的一个重大的区别就是，人类文明的出现在某种程度上是基于对物种的驯化——栽培作物的出现为农业奠定了基础，并催生了村庄，而动物的驯化则是畜牧业的前提。这一点倒是和高度社会化的蚂蚁有几分相似，它们中的一些物种栽培真菌，而另一些物种则放牧蚜虫"奶牛"，随时准备获取蜜露。

我们有相当的把握可以肯定，第一种被驯化的动物是狼。它们驯化之后的名字叫狗。

今天看来，这个故事大概是从一两万年前开始的，那时候人类正在从采集狩猎的生活模式转变为农耕文明，西南亚两河流域的新月沃地和中国等地都在这个时候成了人类文明的起源地。很可能是这个时候，狼被带到了村落里。最初的目的可能是把其作为狩猎的帮手或者吃它们的肉。事实上，在相当长的历史里，吃肉都是养狗的重要目的之一。而在驯养的过程中，当人们发现一匹狼比别的狼更聪明、更亲近人时，如果只能留下一只，他们自然愿意把这匹狼最后留下来，而把其他的放进锅里……最早期的饲养与选育大概就开始了。

不过，在谁先驯化狼这件事上，还有争议。2002年到2011年间，瑞典和中国科学家组成的联合团队通过对超过1 000只狗和几十匹狼的DNA进行分析，连续撰文指出，狗大约在1.6万年前起源自中国长江以南的地区。但2013年，其他科学家开始反击。林德布拉德－托赫（Kerstin Lindblad-Toh）等人认为狗应该在1.2万至1.3万年前起源自中东的新月沃地，他们认为是具有能够消化淀粉的基因突变的狼开始在人类农耕村落附近游荡，最终被驯化。另有一些学者则认为，是这一地区的放牧者通过与狼接触最先驯化了它们，如一个团队认为狗是在1.88万至3.21万年前在欧洲被驯化的。作为证据支持，曾有比利时科学家宣称在欧洲发现了3.17万年前的"狗头盖骨"化石。当然，还有一些可能非常不靠谱的研究，比如认为狗在13.5万年前就被驯化，若是这样，我们的祖先就是溜着狗走出非洲的。但现在主流的观点认为，这可能不对，动物驯化是在人类走出非洲以后完成的，之后再传播回了非洲地区。就像前文所讲，大约是在1.3万至1.7万年前被驯化成功的，最早不超过4万年前。目前看来，欧洲、东亚和西南亚很可能都是狗驯化的热点地区，欧洲应该更早一些。但传播最广的可能是东亚驯化的狗，它们最终取代了其他多数地方的狗，并和其中的一部分有过杂交。

继狗之后，下一个被驯化的动物很可能是羊。羊的驯化很可能起源自新月沃地，距今1.1万年前。但山羊和绵羊分别驯化自不同的物种。多数学者认为，现代家山羊起源于中亚细亚一带的角羊（*Capra aegagrus*），后者身高90厘米，公羊有长达1米以上的长角。绵羊则起源自盘羊类，如亚洲摩弗伦羊（*Ovis orientalis*）和中亚的源羊（*Ovis ammon*）。但是，仍有些地方可能单独驯化了羊。

还有猪和牛等的驯化。大约在8 000年到1万年前，欧洲和亚洲的野猪变成了家猪。猪的驯化可以肯定是在多个地点分别成功的，西南亚、中国和东南欧是家猪起源较早的三个中心。牛的驯化较复杂。最有力的竞争者来自约1万年前的新月沃地，印度可能独立驯化了瘤牛，水牛则在约6 000年前在亚洲驯化成功了。接下来是马，大约6 000年前中亚地区驯化了马，但中国可能也独立驯化了马，而后两者进行了杂交，与今天残存的普氏野马应该无关。鸡大约是在5 000年前由东南亚驯化成功的。一些学者认为是中国驯化了家鸡，并举出了家鸡在中国存在了一万年的考古证据——鸡的骸骨，但之后被鉴定为是一些类似家鸡的雉类。目前可以确定的考古证据是，至少在3 300年前，中国已经有了家鸡。因此，中国确实是家鸡最早起源地的一个有力竞争者。到目前为止，人类已经大约驯化了60多种动物，由于古人在地理上沟通很少，不少动物都曾在不同的地方独立驯化。

驯化动物在结构、生理和行为等诸多方面已经不同于它们的祖先。我们在它们身上看到了很多相同的变化，比如很多驯化动物的大脑减小，学习能力减弱，警觉性降低，某种程度上说变蠢了：它们不再能够识别自己的后代，抛弃了复杂的求偶行为，也没有了繁殖季节——良种母鸡每天都能下一个蛋。

如果说上面的特征还能和生产生活有联系的话，我们实在找不到人类祖先在驯化这些动物的时候热衷耷拉耳朵、黑白斑点、短腿和卷尾巴这些特征的原因，但这些特征却离奇地出现在了许多驯化动物身上！比如狼和野猪都没有卷尾巴，但狗和家猪的尾巴都是卷起的。要知道，它们可是不同的动物祖先在不同的地方，由不同的人，在不同的时间分别驯化的。这些被称为"驯化综合征"。

▶ ▶ 家猪

▶ ▶ 家犬

亚当·维京斯（Adam Wilkins）的理论在一定程度上解释了这一现象。他认为，人们首先选择的是那些温顺的动物，或者说，对人攻击性小也不害怕人类的非敏感型动物——这实际上是"病"，这些动物的神经嵴发育存在缺陷。神经嵴是动物胚胎发育过程中的一个结构，它参与神经系统的形成，在发育中，神经嵴细胞会迁移到不同的组织器官中帮助发育。下颌和牙齿较短、卷曲的尾巴、下垂的耳朵、幼体化及带有白斑的皮毛等都恰好能够受到神经嵴的影响，这些特征在很多家畜中都有体现。当然，神经嵴缺陷也会造成脑子变小，而且它还将导致一个结果——肾上腺体积较小，活性较弱。而肾上腺与情绪有关，一只肾上腺不活跃的动物很少会做出过激的举动。

而俄罗斯的遗传学家迪米特里·别利亚耶夫在银狐的驯养实验中意外地印证了这一推论：从1956年开始，他选中一些最温顺的银狐进行培养，结果繁衍了不到10代，家畜的特征——下垂的耳朵、卷曲的尾巴和幼体化等特征就出现了。50年之后，这些驯化的银狐已经定型，也更加温和——它们变文明了。

但是，故事到这里远没有结束。我们人类完成了一件有意思的事情——自己驯化了自己。农业和畜牧业的出现也改变了人类自己的食物结构和生活习惯。从狩猎采集到农业生产，食物的多样性降低了，尽管有了驯养动物，肉类所占的比重仍然逐渐降低，从大约距今一万年开始，这种改变显著起来。食物的简单化和植物性食物比例的增加降低了人类的营养水平，人的体形变得不如原来那么高大。

同时，随着社会关系在生存中变得越来越重要，人类祖先可能采纳了类似驯养动物的机制——通过仪式、裁决或者法律，逐渐清除那些有强烈对抗性和攻击行为的男性，因为这些人更容易因为暴力而犯下侵害他人的错误。而人们更倾向于推崇那些能够在一起共同工作的男性，无论是参加社群生活还是共同保卫家园。而这些基于文化而对人的选择，实际上也作用在了基因的层面，削减或剔除了某些基因，强化了另一些基因，从而改变了人类整体的基因组成。这也就是基因-文化的协同演化。我们的面部逐渐变平，牙齿逐渐变小，文明开始变成社会的主导。但是，我们的耳朵没有耷拉，特别是脑子并没有变小。因此，除了神经嵴细胞延缓发育的说法以外，可能还需要另外一种基因演化机制来补充解释人类的自我驯化问题，有关的理论也需要进一步的完善和修正。

　　亲爱的读者，当你看到这里时，这本书已经接近尾声，是时候说再见了。其实，我还有很多内容想写。我们这个星球的动物实在太多样化了，具有社会行为的动物太多了，我想，其中任何一个物种，如果深挖下去，我大概都会忍不住想去写写它们，讲讲它们的故事。不过限于篇幅，现在也只能到此为止了。

　　眼下，我对这本书还是比较满意的。它基本实现了我的写作意图，并且呈现了我想表达的内容，不论是从知识上，还是从科学研究的方法论上。平心而论，尽管我热衷此道，但也不过是在与动物社会性有关的领域中入了门而已，未来要走的路还很长，提升的空间也还不小。也许再过若干年，回望此书的时候，我会觉得自己早年无知、轻狂，摇头感叹。故此，今日书中不成熟之处，也请诸位海涵！

　　除此以外，科学研究也在快速发展，今天言之凿凿的观点，也许在明天就会被新的证据推翻。尽管我在本书中尽可能选择那些主流的、前沿的观点，但时间迟早会使它逐渐失色。就像30年前很少有人会想到恐龙身上长着羽毛一样，今天的很多恐龙复原图都已经绘满了羽毛。希望多年后，当有人翻开这本书，看到我在这里写下这些具有先见之明的文字时，能够给予会心的一笑。

抛开关于未来的想法，至少现在，我希望这本书是能够带来不错的阅读体验的，也希望能够让您有所收获。若是如此，我便会相当开心。

您如果有任何关于这本书的问题或者建议，也欢迎与我联系，告知我您的想法。您可以发送电子邮件到ranh@vip.163.com，也可以微博搜索我的名字，然后私信或者@我。

最后，欢迎您关注我的其他作品，祝您生活和阅读愉快！

冉浩

2019年9月

贝时璋, 陈世骧, 李汝祺, 等. 1991. 中国大百科全书（生物学）. 北京 & 上海: 中国大百科全书出版社.

彼得·渥雷本, 湘雪 (译). 2017. 动物的精神生活. 南京: 译林出版社.

车烨, 李忠秋. 2014. 动物的警戒行为——回顾及展望. 四川动物 33, 144–150.

陈明远, 金岷彬. 2014. 从甲骨文看史前狩猎与动物驯养. 社会科学论坛 5, 4–27.

崔婧. 2007. 种间巢寄生行为研究进展. 现代农业科技 9, 73–74, 76.

杜宇, 陈策, 林炽贤. 2013. 蛇类的婚配制度和多父本格局. 佳木斯教育学院学报 132, 462–465, 471.

高中信. 1997. 世界狼的分布及种群现状. 野生动物 18, 27–28.

高中信. 2006. 中国狼研究进展. 动物学杂志 41, 134–136.

贡国鸿, 卢欣. 2003. 中国鸟类的种内巢寄生: 基于超常窝卵数的证据. 动物学报 49, 851–853.

何鑫. 2008. 巢寄生的协同进化. 生物学通报 43, 7–9.

胡德夫, 马建章, 吴建平. 1998. 马科动物的婚配制度. 动物行为 19, 22–23.

黄乘明, 卢立仁, 李春瑶. 1996. 论灵长类的婚配制度. 广西师范大学学报 (自然科学版) 14, 78–83.

贾蕊, 汪田甜. 2008. 合作行为的进化. 生物学通报 43, 4–7.

焦振川, 慕敏. 2013. 生物之间的相互关系. 生物学教学 38, 60.

凯特琳·奥康奈尔, 刘国伟 (译). 2019. 大象的政治. 北京: 中信出版集团.

李东. 2003. 动物种群的进化策略. 保山师专学报 22, 11–13.

李光松, 陈奕欣, 孙文莫, 等. 2014. 中国怒江片马地区怒江金丝猴种群动态及社会组织初探.兽类学报 34, 323–328.

李惠堂,包军.动物利他行为的研究进展及争鸣.中国农学通报 23, 19–23.

李林春.2015.中国鱼类图鉴.太原:山西科学技术出版社.

李旻旻.2015.候鸟迁徙步步惊心.绿色中国 2, 42–45.

李淑梅,李青芝,陈晓萍.2008.动物的利他行为.生物学教学 33, 2–4.

刘文亮,严莹.2018.常见海滨动物野外识别手册.重庆:重庆大学出版社.

卢克·亨特,王海滨(译).世界陆生食肉动物大百科.长沙:湖南科学技术出版社.

卢欣.2015.揭秘鸟类合作繁殖的进化:以青藏高原特有物种地山雀作为模式系统的一项长期努力.中国科学 45, 133–141.

罗毅平.2012.鱼类洄游中的能量变化研究进展.水产科学 31, 375–381.

马克·卡沃尔廷.2007.鲸与海豚.北京:中国友谊出版公司.

米满月.基因与利他行为——道德的生物学解释.湘南学院学报 29, 15–19, 27.

倪喜军,郑光美,张正旺.2001.鸟类婚配制度的生态学分类.动物学杂志 36, 47–53.

彭建军,蒋志刚,胡锦矗.2001.食肉目动物的社会性及其进化起源的推测.动物学杂志 36, 67–72.

乔纳森·巴特科姆,肖梦(译),赵静文(译).2018.鱼什么都知道.北京:北京联合出版公司.

冉浩.2014.蚂蚁之美.北京:清华大学出版社.

冉浩.2018.我与大自然的奇妙相遇·发现昆虫.北京:天天出版社.

冉浩.2019.寻蚁记.武汉:湖北科学技术出版社.

冉浩.2020.非主流恐龙记.北京:中国科学技术出版社.

尚玉昌.2005.动物的模仿和玩耍学习行为.生物学通报 40, 14–15.

尚玉昌.2012.动物行为研究新进展(五):动物的文化传承.自然杂志 34, 291–293.

尚玉昌.2013.动物行为研究的新进展(七):动物的婚配体制.自然杂志 35, 258–263.

尚玉昌.2014.动物行为学.北京:北京大学出版社.

尚玉昌.2016.灵长动物行为与生态学的研究现状与进展(三):社会组织与散布行为.自然杂志 38:116–119.

谌希,杨灿朝,吴俊秋,等.2011.模型卵在鸟类巢寄生研究中的应用及其制备方法.海南师范大学学报(自然科学版) 24, 310–313.

石涛. 2013. 近东地区的早期动物驯化. 四川文物 2, 32–59.

苏彦捷 (ed). 2014. 金丝猴的社会 (第 2 版). 北京: 北京大学出版社.

唐娜·哈特, 罗伯特·苏斯曼, 郑昊力 (译), 等. 2018. 被狩猎的人类: 灵长类、捕食者和人类的演化. 杭州: 浙江大学出版社.

托尼·奥尔曼, 李哲 (译), 张海会 (译). 2011. 动物的群居生活. 上海: 上海科学技术文献出版社.

王家骧. 1959. 略谈鸟类的迁徙. 动物学杂志 9, 408–410.

王瑞乐, 刘涵慧, 张孝义. 2012. 亲缘利他的不对称性: 进化视角的分析. 心理科学进展 20, 910–917.

王瑞武, 贺军州, 王亚强, 等. 2010. 非对称性有利于合作行为的演化. 中国科学 40, 758–764.

王晓卫, 赵海涛, 齐晓光, 等. 2012. 灵长类社会玩耍的行为模式、影响因素及其功能风险. 生态学报 32, 2910–2917.

吴杰, 编. 2012. 蜜蜂学. 北京: 中国农业出版社.

吴琼. 鱼类的洄游及影响鱼类洄游的因素和研究方法. 黑龙江水产 2, 41–42.

邢立达. 2010. 恐龙足迹. 上海: 上海科技教育出版社.

徐兆礼. 2016. 再议东黄渤海带鱼种群划分问题. 中国水产科学 23, 1185–1196.

雅尼娜·拜纽什, 平晓鸽 (译). 2017. 动物的秘密语言. 长沙: 湖南科学技术出版社.

阎浚杰, 尚玉昌, 蔡晓明. 1983. 在不同海域七星瓢虫群聚的观察. 昆虫天敌 5, 100–103.

杨海英, 柴淑芳, 孙丽丽, 等. 2007. 啮齿动物的婚配制度及其机制. 生物学通报 42, 19–20.

叶晓青, 杨帆. 2016. 密林隐士金毛羚牛. 上海: 上海科技教育出版社.

宇世东, 颜忠诚. 2014. 动物的反捕食策略. 生物学通报 49, 12–15.

张彬, 李丽立. 1991. 动物嬉戏行为研究 (综述). 家畜生态 3, 43–47.

张丹, 冉浩, 朱朝东. 2018. 昆虫集成导航系统及应用. 生物学通报 53(3), 1–3.

张洪海, 张培玉, 王振龙, 车启来. 1999. 世界狼的分布、种群数量及保护现状. 曲阜师范大学学报 25, 990129, 1–5.

张建军, 张知彬. 2003. 动物的婚配制度. 动物学杂志 38, 84–89.

张来存, 孙万启. 1989. 七星瓢虫高空迁飞观察. 昆虫天敌 11, 139–141.

张明春, 刘振生. 2013. 雪山精灵岩羊. 上海: 上海科技教育出版社.

张鹏, 渡边邦夫. 2009. 灵长类的社会进化. 广州: 中山大学出版社.

张微微, 马建章, 李金波. 2011. 骨顶鸡的种内巢寄生现象及其抵御机制初探. 动物学杂志 46, 19–23.

周应祺. 2011. 应用鱼类行为学. 北京: 科学出版社.

Allen JA, Garland EC, Dunlop RA, et al. 2018. Cultural revolutions reduce complexity in the songs of humpback whales. *Proceedings of the Royal Society*, Series B 285, 20182088.

Anderson RC, Shaan A. 1998. Association of yellowfin tuna and dolphins in Maldivian waters. *IOTC Proceedings* 1, 156–159.

Aquiloni L, Tricarico E (eds). 2015. *Social Recognition in Invertebrates*. Springer.

Au DW.1991. Polyspecific nature of tuna schools: shark, dolphin, and seabird associates. *Fishery Bulletin* 89, 343-354.

Au DW, Pitman RL.1986. Seabird interactions with dolphins and tuna in the Eastern Tropical Pacific. *The Condor* 88, 304–317.

Bauer H, Merwe SV. 2004. Inventory of free-ranging lions Panthera leo in Africa. *Oryx* 38, 26–31.

Bednarz JC. 1988. Cooperative Hunting in Harris' Hawks (*Parabuteo unicinctw*). *Science* 239, 1525–1527.

Bignell DE, Nathan Lo YR (eds). 2011. *Biology of termites: a modern synthesis*. Springer.

Boesch C, Boesch H. 1989. Hunting behavior of wild chimpanzees in the Taï National Park. *American journal of physical anthrology* 78, 547–573.

Boesch C. 1994. Cooperative hunting in wild chimpanzees. *Animal Behaviour* 48, 653–667.

Boesch C. 2002. Cooperative hunting roles among Taï chimpanzees. Human Nature 13, 27–46.

Boydston EE, Morelli TL, Holekamp KE. 2001. Sex differences in territorial behavior exhibited by the spotted hyena (Hyaenidae, *Crocuta crocuta*). *Ethology* 107, 369–385.

Bull JJ, Jessop TS, Whiteley M. 2010. Deathly drool: evolutionary and ecological basis of septic bacteria in komodo dragon mouths. *PLoS One* 5, e11097.

Carbyn LN. 1997. Unusual movement by bison, *Bison bison*, in response to wolf, *Canis lupus*, predation. *Canadian Field-Naturalist* 111, 461–462.

Carbyn LN, Trottier T. 1987. Responses of bison on their calving grounds to predation by wolves in Wood Buffalo National Park. *Canadian Journal of Zoology-Revue Canadienne De Zoologie* 65, 2072–2078.

Chak STC , Duffy JE. 2017. Crustacean Social Evolution. *Reference Module in Life Sciences*, doi:10.1016/B978-0-12-809633-8.01028-1.

Chak STC, Duffy JE, Hultgren KM, et al. 2017. Evolutionary transitions towards eusociality in snapping shrimps. Nature ecology & evolution,doi: 10.1038/s41559-017-0096.

Charrassin jB, Bost CA, K Pütz, et al. 1998. Foraging strategies of incubating and brooding king penguins *Aptenodytes patagonicus*. *Oecologia* 114, 194–201.

Chen CF, Wu JE, Zhu X, et al. 2019. Hydrological characteristics and functions of termite mounds in areas with clear dry and rainy seasons. *Agriculture, Ecosystems and Environment* 277, 25–35.

Courchamp F, Macdonald DW. 2001. Crucial importance of pack size in the African wild dog *Lycaon pictus*. *Animal Conservation* 4, 169–174.

Courchamp F, Rasmussen GSA, Macdonald DW. 2002. Small pack size imposes a trade-off between hunting and pup-guarding in the painted hunting dog *Lycaon pictus*. *Behavioral Ecology* 13, 20–27.

Croft DP, James R, Ward AJW, et al. 2005. Assortative interactions and social networks in fish. *Oecologia* 143, 211–219.

De Luca G, Mariani P, MacKenzie BR, et al. 2014. Fishing out collective memory of migratory schools. *Journal of the Royal Society. Interface* 11, doi: 10.1098/rsif.2014.0043.

Debelo DG. 2018. Faunal survey of the termites of the genus Macrotermes (Isoptera: Termitidae) of Ethiopia. *Journal of Entomology and Nematology* 10, 50–64.

Deecke VB, Ford JKB, Spong P. 2000. Dialect change in resident killer whales: implications for vocal learning and cultural transmission. *Animal behaviour* 60, 629–638.

Dejean A, Leroy C, Corbara B. 2010. Arboreal Ants Use the ''VelcroH Principle'' to Capture Very Large Prey. *PLoS One* 5, e11331.

Driscoll CA, Clutton-Brock J, Kitchener AC, et al. 2009. The taming of the cat. *Scientific*

American 6, 68–75.

Driscoll CA, Macdonalda DW, O'Brienb SJ. 2009. From wild animals to domestic pets, an evolutionary view of domestication. *PNAS* 106, 9971–9978.

Duffy JE. 1996. Eusociality in a coral-reef shrimp. *Nature* 381, 512–514.

Duffy JE, Macdonald KS. 1999. Colony Structure of the Social Snapping Shrimp Synalpheus Filidigitus in Belize. *Journal of Crustacean Biology* 19, 283–292.

Duffy JE, Morrison CL. 2002. Colony defense and behavioral differentiation in the eusocial shrimp Synalpheus regalis. *Behavioral Ecology and Sociobiology* 51, 488–495.

Duffy JE, Thiel M (eds). 2007. *Evolutionary Ecology of Social and Sexual Systems.* Oxford University Press.

Durant SM. 2000. Predator avoidance, breeding experience and reproductive success in endangered cheetahs, *Acinonyx jubatus. Animal Behavior* 60, 121–130.

East ML, Hofer H. 2001. Male spotted hyenas (*Crocuta crocuta*) queue for status in social groups dominated by females. *Behavioral Ecology* 12, 558–568.

Foote AD, Vijay N, Avila-Arcos M, et al. 2016. Genome-culture coevolution promotes rapid divergence of killer whale ecotypes. *Nature Communications*, doi: 10.1038/ncomms11693.

Frame LH, Malcolm JR, Frame GW, et al. 1979. Social organization of Afrian wild dogs (*Lycaon pictus*) on the Serengeti Plains, Tanzania (1967-1978). *Zeitschriftr Tierpsychologie* 50, 225–249.

Frank SA. 1998. *Foundations of social evolution.* Princeton University Press.

Frith CB, Frith DW. 1980. Displays of Lawes' s Parotia *Parotia Lawesii* (Paradisaeidae), with Reference to those of congeneric species and their evolution. *Emu-Austral Ornithology* 81: 227–238.

Frya BG, Wroec S, Teeuwisse W, et al. 2009. A central role for venom in predation by *Varanus komodoensis* (Komodo Dragon) and the extinct giant Varanus (Megalania) priscus. *PNAS* 106, 8969–8974.

Fuller WA.1960.Behaviour and social organization of the wild bison of Wood Buffalo National Park, Canada. *Arctic* 13, 1–19.

Garrick LD, Lang JW. 1977. Social signals and behaviors of adult alligators and crocodiles.

American Zoologist 17, 225–239.

Garrott RA, Bruggeman JE, Becker MS, et al. 2017. Evaluating prey switching in wolf-ungulate systems. *Ecological Applications* 17, 1588–1597.

Geist V, Walther F (eds). 1974. *The Behaviour of ungulates and its relation to management.* IUCN Publications new series, No. 24.

Gerhardt HC. 1994. The evolution of vocalizations in frogs and toads. *Annual Reviews* 25, 293–324.

Gibbons A. 2014. How we tamed ourselves—and became modern. *Science* 346, 405–406.

Gottlieb JP, Kusunoki M, Goldberg ME. 1998. High hunting costs make African wild dogs vulnerable to klepto - parasitism by hyaenas. *Nature* 391, 479–481.

Hafner DJ, Yensen E, Kirkland GL Jr (eds). 1998. *North American Rodents.* IUCN, Gland, Switzerland, and Cambridge, UK.

Hale SL, Koprowski JL. 2018. Ecosystem-level effects of keystone species reintroduction: a literature review. *Restoration Ecology*, doi: 10.1111/rec.12684.

Hayward MW. 2006. Prey preferences of the spotted hyaena(*Crocuta crocuta*) and degree of dietary overlap with the lion (*Panthera leo*). *Journal of Zoology* 270, 606–614.

Henke W, Tattersall I. 2007. *Handbook of Paleoanthropology.* Springer.

Hepburn R, Radloff SE (eds). 2011. *Honeybees of Asia.* Springer.

Höglund J, Alatalo RV. 1995. *Leks.* Princeton University Press.

Holerkamp KE, Cooper SM, Katona CI, et al. 1997. Patterns of Association among Female Spotted Hyenas (*Crocuta crocuta*). *Journal of Mammalogy* 78, 55–64.

Hölldobler B, Wilson EO. 1990. The ants. The Belknap Press of Harvard University Press.

Hoogland JL. 1995. *The black- tailed prairie dog: social life of a burrowing mammal.* Chicago, IL: The University of Chicago Press.

Hoogland JL, Brown CR. 2016. Prairie dogs increase fitness by killing interspecific competitors. *Proceedings of the Royal Society*, Series B 283, 20160144.

Hu YW, Hu SM, Wang WL, et al. 2014. Earliest evidence for commensal processes of cat domestication. *PNAS* 111, 116–120.

Jefferson TA, Stacey PJ, Baird RW. 1991. A review of killer whale interaction with other marine mammals: predation to co-existence. Mammal review 21, 151–180.

Josse E, Bach P, Dagorn L. 1998. Simultaneous observations of tuna movements and their prey by sonic tracking and acoustic surveys. *Hydrobiologia* 371/372, 61–69.

Jouventin P, Aubin T, Lengane T. 1999. Finding a parent in a king penguin colony: the acoustic system of individual recognition. *Animal Behaviour* 57, 1175–1183.

Korb J, Linsenmair KE. 2000. Ventilation of termite mounds: new results require a new model. *Behavioral Ecology* 11, 486–494.

Lambert O, Bianucci G, Salas-Gismondi R, et al. 2019. An amphibious whale from the Middle Eocene of Peru Reveals Early South Pacific Dispersal of Quadrupedal Cetaceans. *Current Biology* 29, 1–8.

Lengagne T, Jouventin P, Aubin T. 1999. Finding one's mate in a king penguin colony: efficiency of acoustic communication. *Behaviour* 136, 833–846.

Lill A. 1976. Lek behavior in the golden-headed manakin, *Pipra erytrocephala*, inTrinidad (West Indies). *Zeitschrift für Tierpsychologie* 18: 1–83.

Linseele V, Neer WV, Hendrickx S. 2007. Evidence for early cat taming in Egypt. *Journal of Archaeological Science* 34, 2081–2090.

Lohse D, Schmitz B, Versluis M. 2001. Snapping shrimp make flashing bubbles. *Nature* 413, 477–478.

Macdonald DW. 1983. The ecoogy of carnivore social behaviour. *Nature* 301, 379–384.

Malcolm JR, Marten K. 1982. Natural Selection and the Communal Rearing of Pups in African Wild Dogs (Lycaon pictus). *Behavioral Ecology and Sociobiology* 10, 1–13.

Mesnick SL, Taylor BL, Le Duc RG, et al. 1999. Culture and Genetic Evolution in Whales. *Science* 284, doi: 10.1126/science.284.5423.2055a.

Mills MGL. 1984. The comparative behavioural ecology of the brown hyaena *Hyaena brunnea* and the spotted hyaena *Crocuta crocuta* in the southern Kalahari. *Koedoe* 27, 237–247.

Mitani JC, Watts DP. 2001. Why do chimpanzees hunt and share meat? *Animal behaviour* 61, 915–924.

Morrison CL, Ríos R, Duffy JE. 2004. Phylogenetic evidence for an ancient rapid radiation of Caribbean sponge-dwelling snapping shrimps (Synalpheus). *Molecular Phylogenetics and*

Evolution 30, 563–581.

Noad MJ, Cato DH, Bryden MM, et al. 2000. Cultural revolution in whale songs. *Nature* 408, 537.

Nogales M, Vidal E, Medina FM, et al. 2013. Feral cats and biodiversity conservation: the urgent prioritization of island management. *BioScience* 63, 804–810.

Norris S. 2002. Creatures of culture? Making the case for cultural systems in whales and dolphins. *BioScience* 52, 1:10–14.

Owens MJ, Owens DD. 1978. Feeding ecology and its influence on social organization in Brown hyenas (*Hyaena brrcnnea*, Thunberg) of the Central Kalahari Desert. *African Journal of Ecology* 16, 113–135.

Packer C, Hilborn R, Mosser A, et al. 2005. Ecological change, group territoriality, and population dynamics in Serengeti lions. *Science* 307, 390–393.

Packer C, Scheel D, Pusey AE. 1990. Why lions form groups: food is not enough. *The American Naturalist* 36, 1–19.

Panksepp J, Burgdorf J. 2003. "Laughing" rats and the evolutionary antecedents of human joy? *Physiology & Behavior* 79: 533–547.

Parrish JK, Viscido SV, Grünbaum D. 2002. Self-Organized Fish Schools: An Examination of Emergent Properties. *The Biological Bulletin* 202, 296–305.

Partidge BL. 1982. The structure and function of fish schools. *Scientific American* 246: 114–123.

Perrin WF, Würsig B, Thewissen JGM (eds). 2009. *Encyclopedia of Marine Mammals* (2nd ed). Academic Press.

Ray J, Redford KH, Steneck R (eds). 2005. *Large Carnivores and the Conservation of Biodiversity.* Washington, DC: Island Press.

Reimers E, Eftestøl S. 2012. Response behaviors of Svalbard reindeer towards humans and humans disguised as polar bears on Edgeøya. *Arctic, Antarctic, and Alpine Research* 44, 483–489.

Rintamäki PT, Alatalo RV, Höglund J, et al. 1995. Mate sampling behaviour of black grouse females (*Tetrao tetrix*). *Behavioral Ecology and Sociobiology* 37, 209–215.

Roach BT, BrinkmanDL. 2007. A reevaluation of cooperative pack hunting and gregariousness in Deinonychus antirrhopus and other nonavian theropod dinosaurs. *Bulletin of the Peabody Museum of Natural History* 48, 103–138.

Robert M, Dagorn L, Lopez J, et al. 2013. Does social behavior influence the dynamics of aggregations formed by tropical tunas around floating objects? An experimental approach. *Journal of Experimental Marine Biology and Ecology* 440, 238–243

Santander FJ, Alvarado SA, Ramírez PA, et al. 2011. Prey of the Harris' Hawk (*Parabuteo unicinctus*) during fall and winter in a coastal area of central Chile. *The Southwestern Naturalist* 56, 419–424.

Versluis M, Schmitz B, Heydt AVD, et al. 2000. How Snapping Shrimp Snap:Through Cavitating Bubbles. *Science* 289, 2114–2117.

Vigne JD, Briois F, Zazzo A, et al. 2012. First wave of cultivators spread to Cyprus at least 10,600 y ago. *PNAS* 109, 8445–8449.

Watts DP, Mitani JC. 2002. Hunting Behavior of Chimpanzees at Ngogo, Kibale National Park, Uganda. *International Journal of Primatology* 23, 1–28.

Webb GJW, Manolis SC, Whitehead PJ (eds). 1987. *Wildlife management: crocodiles and alligators.*. Sydney: Surrey Beatty, 273–294.

Whitehead H, Rendell L, Osborne RW, et al. 2004. Culture and conservation of non-humans with reference to whales and dolphins: review and new directions. *Biological Conservation*, doi:10.1016/j.biocon.2004.03.017.

Wilkins AS, Wrangham RW, Fitch WT. 2014. The "domestication syndrome" in mammals: a unified explanation based on neural crest cell behavior and genetics. *Genetics* 197, doi: 10.1534/genetics.114.165423.

Williams AJ, Dyer BM, Randall RM, et al. 1990. Killer whales Orcinus orca and seabirds: play, predation and association. *Marine orinithology* 18: 37–41.

Wilson EO. 1971. *The Insect Societies*. The Belknap Press of Harvard University Press.

Wilson S. 1973. The development of social behaviour in the vole (*Microtus agrestis*). *Zoological Journal of the Linnean Society* 52, 45–62.

Xing LD, Roberts EM, Harris JD, et al. 2013. Novel insect traces on a dinosaur skeleton from the Lower Jurassic Lufeng Formation of China. *Palaeogeography, Palaeoclimatology, Palaeoecology* 388: 58–68.